Vorwort

Das Arbeitsheft wurde insbesondere für Fachwerker/innen bzw. Werker/innen im Gartenbau entwickelt; es kann sehr gut zur Ergänzung des Berufsschulunterrichts sowie zur Erarbeitung und Wiederholung einzelner Unterrichtsinhalte im Rahmen des Förderunterrichts eingesetzt werden. Die Inhalte sind mit den verschiedenen Lehrplänen der einzelnen Bundesländer abgestimmt.

Auch zur Vorbereitung auf die Zwischen- bzw. Abschlussprüfung ist das Heft gut geeignet. Darüber hinaus enthalten einige Seiten kleine, leicht durchführbare Versuche, die den Schülern Spaß machen und ihnen ermöglichen, einige Inhalte praktisch zu erarbeiten.

Besonderer Wert wurde darauf gelegt, die Texte kurz zu halten – die Schüler sollen sich stattdessen selbst viel erarbeiten. Schwierigere Arbeitsblätter sind mit einem entsprechenden Symbol in der rechten oberen Seitenecke und im Inhaltsverzeichnis gekennzeichnet; diese Seiten sollten gemeinsam im Klassenverband besprochen werden.

Die Autorin ist Dipl.-Biologin und unterrichtet seit Jahren Gärtner und Werker im Gartenbau bei einem privaten Bildungsträger. Sie arbeitet als freiberufliche Schulbuchautorin und wirkte u. a. an „Die faszinierendste Lehrmittelsammlung der Welt" für die EXPO 2000 mit.

Dieses Buch entstand mit fachlicher Unterstützung von Klaus Janowitz – gelernter Gärtner und Dipl.-Forstwirt.

Autorin und Verlag

Inhaltsverzeichnis

1 Pflanzenbau und Pflanzenkenntnisse

Übungen mit dem Pflanzenkatalog

Jede Pflanze hat einen botanischen Namen, der überall in der Welt gültig ist. Der botanische Name besteht aus zwei Teilen, dem Gattungs- und dem Artnamen. Der Gattungsname wird immer groß geschrieben und der Artname immer klein. Manche Gattungen haben viele Arten. So umfasst die Gattung Quercus (Eiche) etwa 600 Arten, z. B. Quercus cerris – Zerr-Eiche, Quercus coccinea – Scharlach-Eiche.
Bei manchen Pflanzen gibt es hinter dem Artnamen noch einen zusätzlichen Sortennamen.
Sorten sind im Allgemeinen das Ergebnis von gärtnerischen Züchtungen. Der Sortenname wird großgeschrieben und steht zwischen einfachen Anführungszeichen, z. B. Quercus robur 'Fastigiata' – Säulen-Eiche.
Nachfolgend sind einige Gattungen aufgeführt, denen Sie Arten zuordnen sollen.
Benutzen Sie einen Pflanzenkatalog. Markieren Sie die zu einer Gattung dazugehörigen Arten mit einem Pfeil. Schreiben Sie dahinter die deutschen Namen der Pflanzen.

Gattung	Art	Deutscher Name
	cerris	Zerr-Eiche
	alba	
	coccinea	Scharlach-Eiche
Quercus	tristis	
	robur 'Fastigiata'	
	rubra	
	petraea	
	robur	
	aria	
	spinosa	
	hirta	
Prunus	avium	
	lauroceracus	
	palustre	
	cerasifera 'Atropurpurea'	
	omorika	
	nigra	
Picea	abies	
	pungens	
	orientalis	
	koreana	
Abies	concolor	
	amabilis	
	mas	
Cornus	campanulatus	
	alba 'Sibirica'	
	sanguinea	

Botanische Namen und Symbole

Bei der Pflanzenbeschreibung werden unterschiedliche Symbole verwendet.

1. Erklären Sie die Bedeutung der aufgeführten Symbole und nennen Sie ein Pflanzenbeispiel.

Symbol	Bedeutung	Pflanzenbeispiel
ħ	Baum	Acer platanoides – Spitzahorn
○		
♃		
⩘		
♄		
◑		
ΛΛΛ>		
●		

2. Vervollständigen Sie die Pflanzennamen anhand eines Pflanzenkatalogs und ordnen Sie den Pflanzenbeispielen Symbole zu. (Mehrfachnennungen sind möglich!)

Gattung	Art	Deutscher Name	Symbole
Acer		Feldahorn	
Calluna	vulgaris		
Euonymus	fortunei var. radicans		
Kerria			
Alchemilla			
Betula		Sandbirke	
Berberis	thunbergii		
Hosta	sieboldii		
Lonicera			
Delphinium			
	cordata	Winter-Linde	
Taxus	baccata		
Araucaria			

Blattstellungen

Anhand von Blüten und Früchten kann man viele Pflanzen erkennen. Die wichtigsten Erkennungsmerkmale für verholzte Pflanzen sind jedoch die Blätter.
Zunächst sieht man sich die Stellung der Blätter an der Sprossachse an, dann bestimmt man die Blattform und danach den Blattrand.

Abgebildet sind drei verschiedene Blattstellungen:

1. Schreiben Sie unter die Abbildungen den richtigen Begriff zur Blattstellung:
   gegenständig – kreuzgegenständig – wechselständig.

2. Ordnen Sie die folgenden Beschreibungen den drei Blattstellungen zu:
   – Immer zwei Blätter stehen einander gegenüber.
   – Die Blätter stehen abwechselnd an der Sprossachse.
   – Die Blattpaare stehen kreuzweise übereinander.

3. Sortieren Sie die folgenden Pflanzenbeispiele den einzelnen Blattstellungen zu und ergänzen Sie die deutschen Pflanzennamen. Nehmen Sie zur Beurteilung der Blattstellung Pflanzenmaterial oder Pflanzenabbildungen zur Hilfe: Fagus sylvatica – Lonicera xylosteum – Acer pseudoplatanus – Populus nigra 'Italica' – Sorbus aucuparia – Fraxinus excelsior – Acer platanoides – Quercus robur – Betula pendula.

A	B	C
Blattstellung:	**Blattstellung:**	**Blattstellung:**
Beschreibung:	**Beschreibung:**	**Beschreibung:**
Pflanzenbeispiele:	**Pflanzenbeispiele:**	**Pflanzenbeispiele:**

Blattformen

Bei den Blattformen unterscheidet man einfache und zusammengesetzte Blätter.

Einfache Blätter haben eine einheitliche Blattfläche. In der Blattachsel befindet sich gewöhnlich eine Knospe.

Zusammengesetzte Blätter bestehen aus mehreren Blättchen. Sie sind entweder paarig oder unpaarig gefiedert.

1. Woran kann man erkennen, dass es sich im rechten Bild um ein zusammengesetztes Laubblatt handelt und nicht um mehrere einfache Blätter?

2. Die folgenden Abbildungen zeigen typische Blattformen. Ordnen Sie die Begriffe den dargestellten Blattformen zu: herzförmig – eiförmig – elliptisch – unpaarig gefiedert – gefingert (oder auch: 3-zählig, 5-zählig bzw. 7-zählig) – paarig gefiedert – nadelförmig – gelappt – lanzettlich – verkehrt eiförmig

3. Ordnen Sie mithilfe eines Pflanzenkatalogs die Pflanzenbeispiele den Blattformen zu und ergänzen Sie die deutschen Namen:

- Abies nordmanniana
- Ilex aquifolium
- Robinia pseudoacacia
- Erica carnea
- Taxus baccata
- Fraxinus excelsior
- Mahonia aquifolium
- Acer campestre
- Syringa vulgaris
- Hedera helix
- Rosa canina
- Berberis thunbergii
- Hippophae rhamnoides
- Picea abies
- Aesculus hippocastanum
- Laburnum anagyroides
- Fagus sylvatica
- Salix alba 'Tristis'
- Caragana arborescens
- Alnus glutinosa
- Tilia cordata

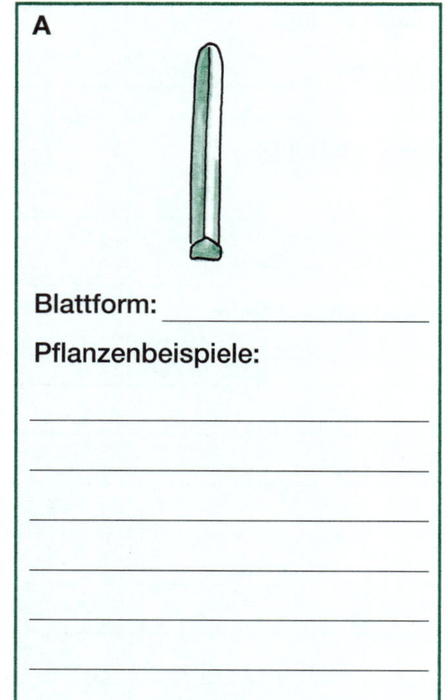

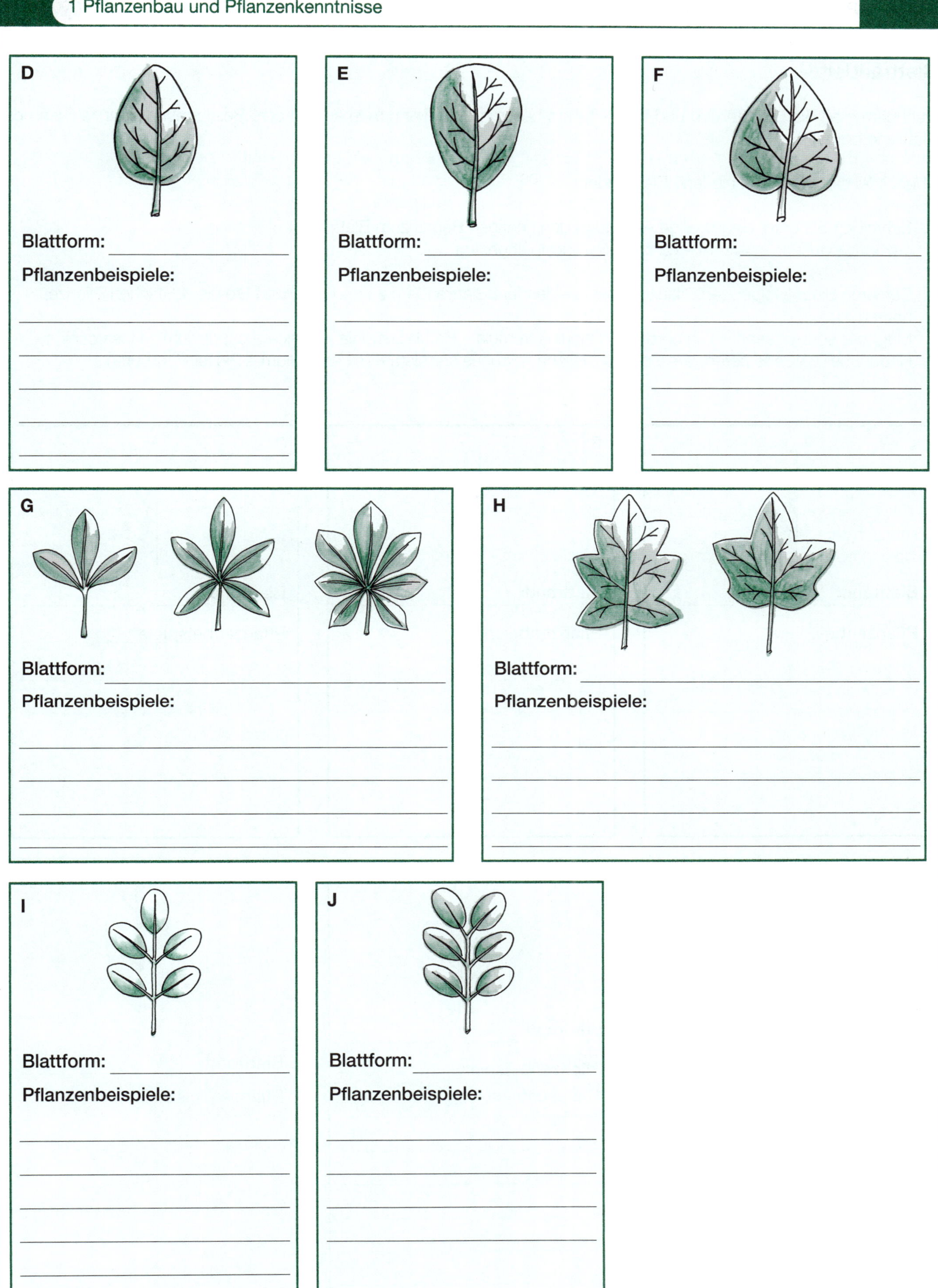
D
Blattform:
Pflanzenbeispiele:
E
Blattform:
Pflanzenbeispiele:
F
Blattform:
Pflanzenbeispiele:
G
Blattform:
Pflanzenbeispiele:
H
Blattform:
Pflanzenbeispiele:
I
Blattform:
Pflanzenbeispiele:
J
Blattform:
Pflanzenbeispiele:

Blattränder

Nachdem man die Blattstellung und die Blattform bestimmt hat, kann man als weiteres Bestimmungskennzeichen den Blattrand betrachten.

Abgebildet sind fünf verschiedene Blattränder:

1. Schreiben Sie unter die jeweilige Abbildung den richtigen Begriff zum Blattrand:
   gezähnt – gesägt – gekerbt – ganzrandig – doppelt gesägt.

2. Sortieren Sie die folgenden Pflanzenbeispiele den fünf Blatträndern zu und ergänzen Sie die deutschen Pflanzennamen:
   Magnolia soulangeana – Tilia cordata – Populus tremula – Betula pendula – Lonicera caprifolium – Rosa canina – Hedera helix – Bellis perennis – Corylus avellana – Prunus serrulata – Ilex aquifolium – Digitalis purpurea

Blatttypen

An der Sprossachse einer Pflanze können sich Blätter mit unterschiedlichen Funktionen befinden.

1. Beschriften Sie die Zeichnung.

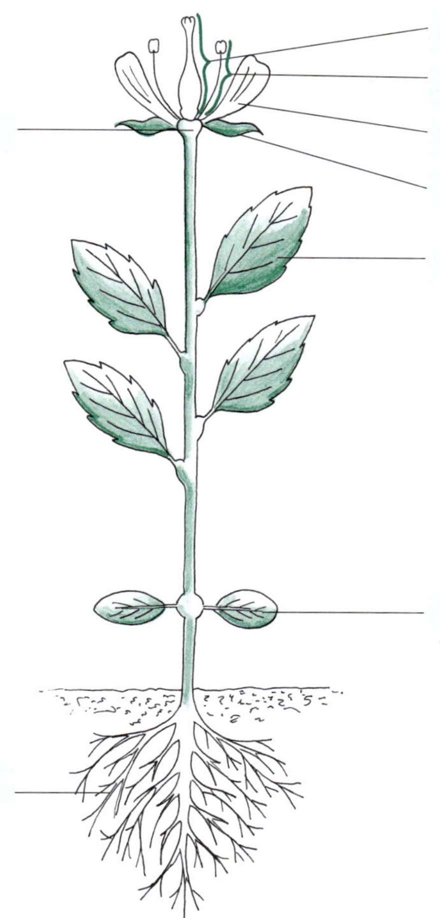

2. Beschreiben Sie in der Tabelle das Aussehen (z. B. Farbe) bzw. die einzelnen Bestandteile des Blattes.

3. Welche Aufgaben haben die verschiedenen Blatttypen? Ergänzen Sie die Tabelle.

Blatttyp	**Aussehen des Blattes**	**Aufgabe/Funktion des Blattes**
Fruchtblatt		
Staubblatt		
Blütenblatt / Kronblatt		
Kelchblatt		
Laubblatt		
Keimblatt		

Pflanzen bestimmen

Bestimmen Sie die Bäume, deren Laubblätter auf der nächsten Seite abgebildet sind. Schreiben Sie unter die Abbildungen jeweils die botanischen Pflanzennamen und ergänzen Sie die deutschen Namen.

Berücksichtigen Sie die folgende Vorgehensweise:

Betrachten Sie Blatt A auf S. 9 und überlegen Sie, ob unter Punkt 1. die Beschreibung „Das Blatt ist zusammengesetzt" oder „Das Blatt ist nicht zusammengesetzt" zutrifft.

Lesen Sie unter Punkt 2. weiter, falls Sie sich für „zusammengesetzt" entschieden haben.

Lesen Sie unter Punkt 5. weiter, falls Sie sich für „nicht zusammengesetzt" entschieden haben.

Gehen Sie auf diese Weise vor, bis Sie den botanischen Namen des gesuchten Laubbaumes ermittelt haben.

Blatteigenschaft	nächster Schritt
1. Das Blatt ist zusammengesetzt	weiter bei 2.
– ist nicht zusammengesetzt	weiter bei 5.
2. Das Blatt ist gefingert	*Aesculus hippocastanum*
– ist unpaarig gefiedert	weiter bei 3.
3. Die Blattstellung ist wechselständig	*Sorbus aucuparia*
– ist gegenständig	weiter bei 4.
4. Das Fiederblatt hat ca. 5 Fiederblättchen	*Sambucus nigra*
– hat ca. 11 Fiederblättchen	*Fraxinus excelsior*
5. Die Blattform ist lanzettlich	*Salix alba 'Tristis'*
– ist nicht lanzettlich	weiter bei 6.
6. Die Blattform ist herzförmig	*Tilia cordata*
– ist gelappt	weiter bei 7.
7. Der Blattrand ist bogig gezähnt	*Acer platanoides*
Der Blattrand ist gesägt	*Acer pseudoplatanus*
Der Blattrand ist glatt	*Hedera helix*

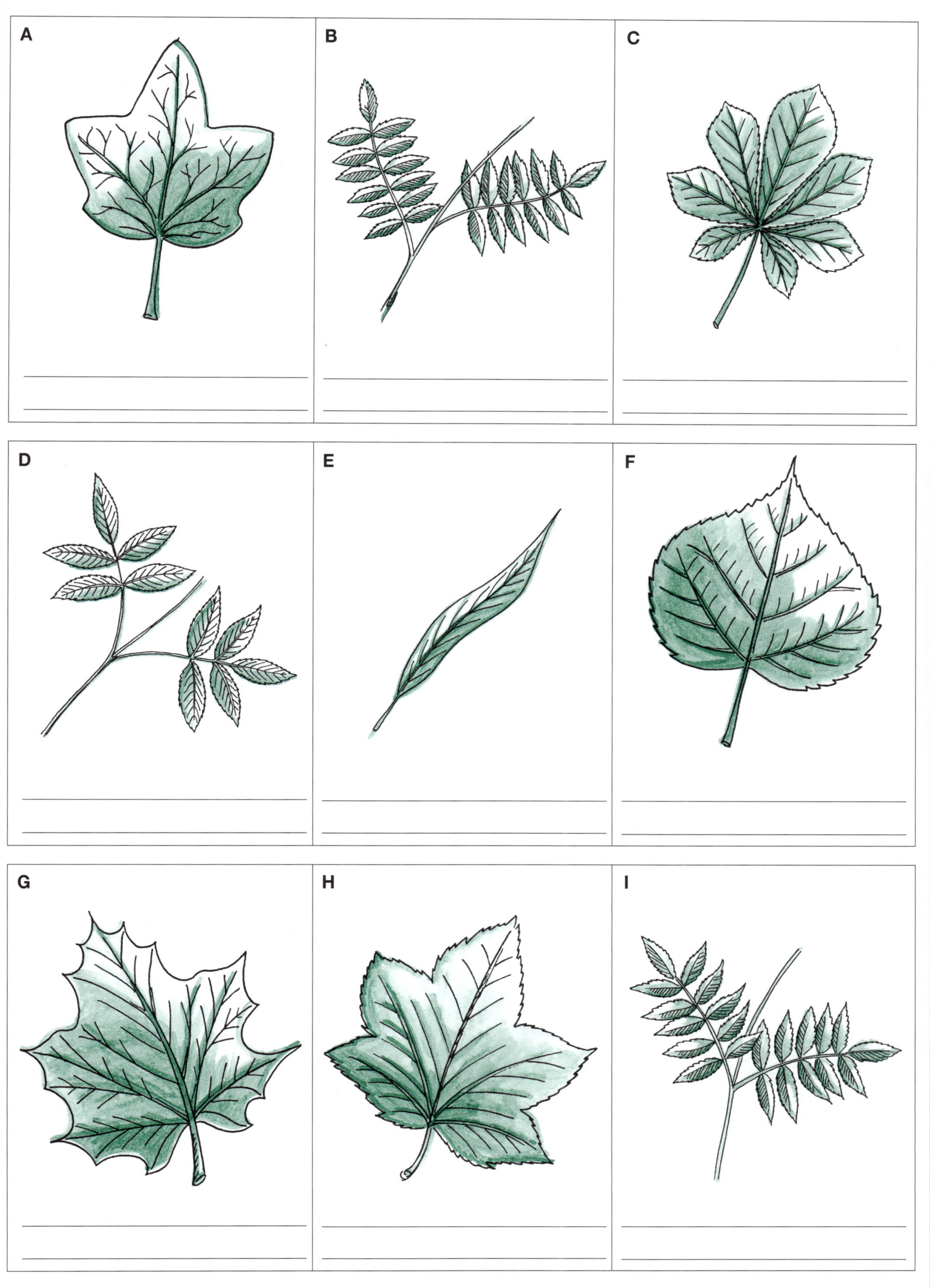
A
B
C
D
E
F
G
H
I

Verholzte und krautige Pflanzen

Man unterscheidet **Bäume, Sträucher** und **Halbsträucher** bei Pflanzen mit **verholzter Sprossachse.**
Der Holzstoff wird im Innern der Pflanze gebildet und macht die Sprossachse stabil. Die Sprossachse bildet zusammen mit den Blättern den Spross.

1. Tragen Sie die nachfolgenden Begriffe in die Kästchen ein:
   Krone, Stamm, Ast, Zweig, Trieb

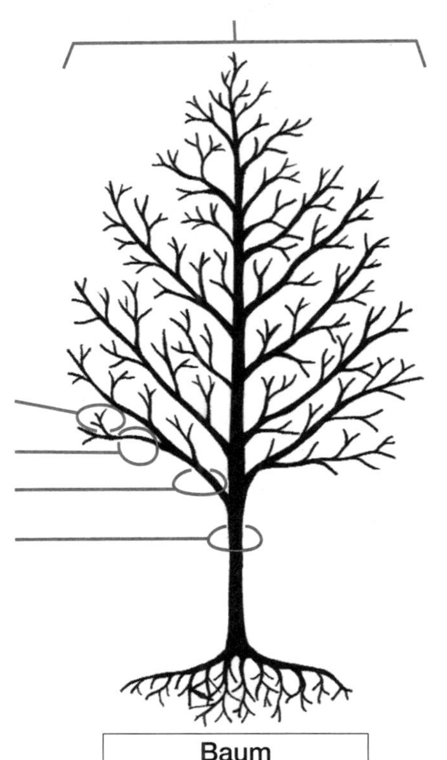

Baum

2. Beschreiben Sie die Wuchsform des Baumes und nennen Sie Pflanzenbeispiele.

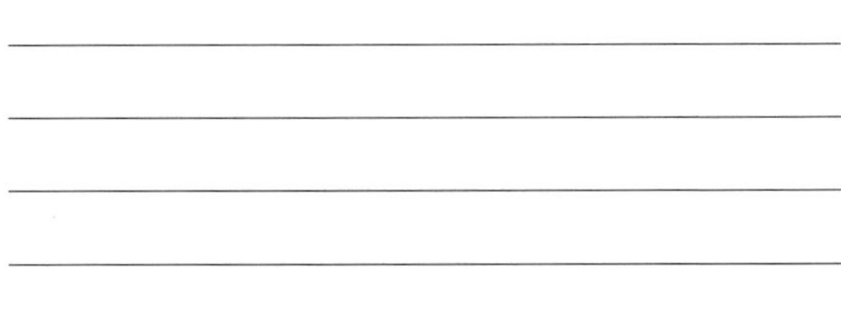

3. Beschreiben Sie unter den Abbildungen die Wuchsform des Strauches und nennen Sie Pflanzenbeispiele.

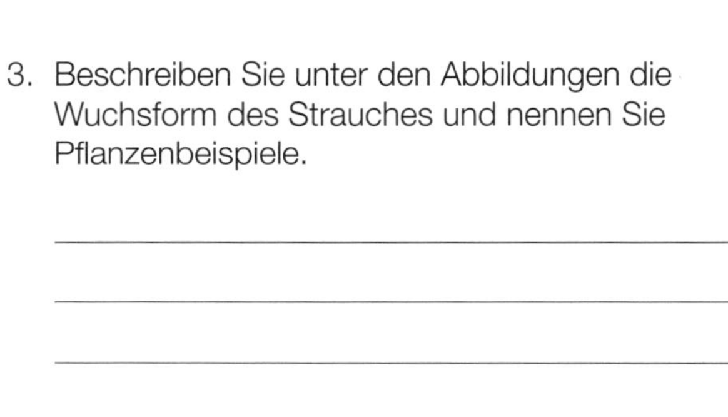

Strauch

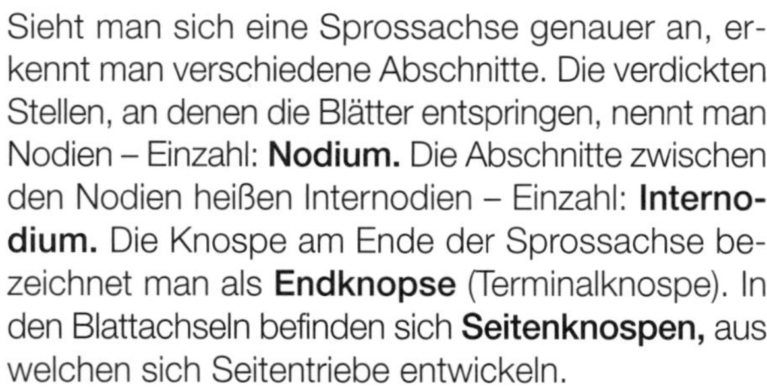

Sieht man sich eine Sprossachse genauer an, erkennt man verschiedene Abschnitte. Die verdickten Stellen, an denen die Blätter entspringen, nennt man Nodien – Einzahl: **Nodium.** Die Abschnitte zwischen den Nodien heißen Internodien – Einzahl: **Internodium.** Die Knospe am Ende der Sprossachse bezeichnet man als **Endknopse** (Terminalknospe). In den Blattachseln befinden sich **Seitenknospen,** aus welchen sich Seitentriebe entwickeln.

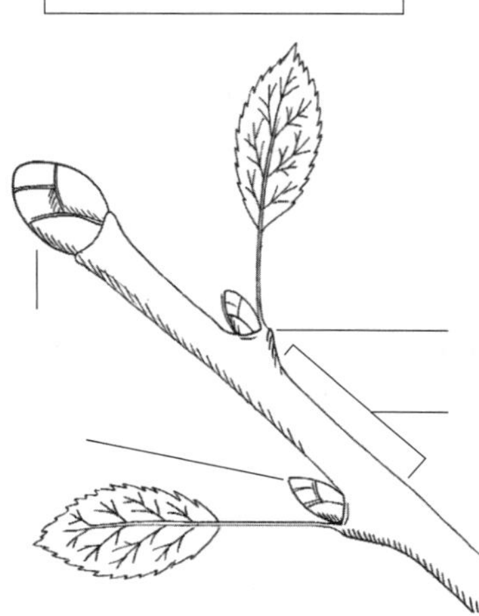

4. Beschriften Sie die Zeichnung.

Pflanzen, die nicht verholzt sind, nennt man **krautig.** Sie enthalten keinen Holzstoff und sind deshalb biegsam. Die Sprossachse von krautigen Pflanzen kann unterschiedlich aussehen:

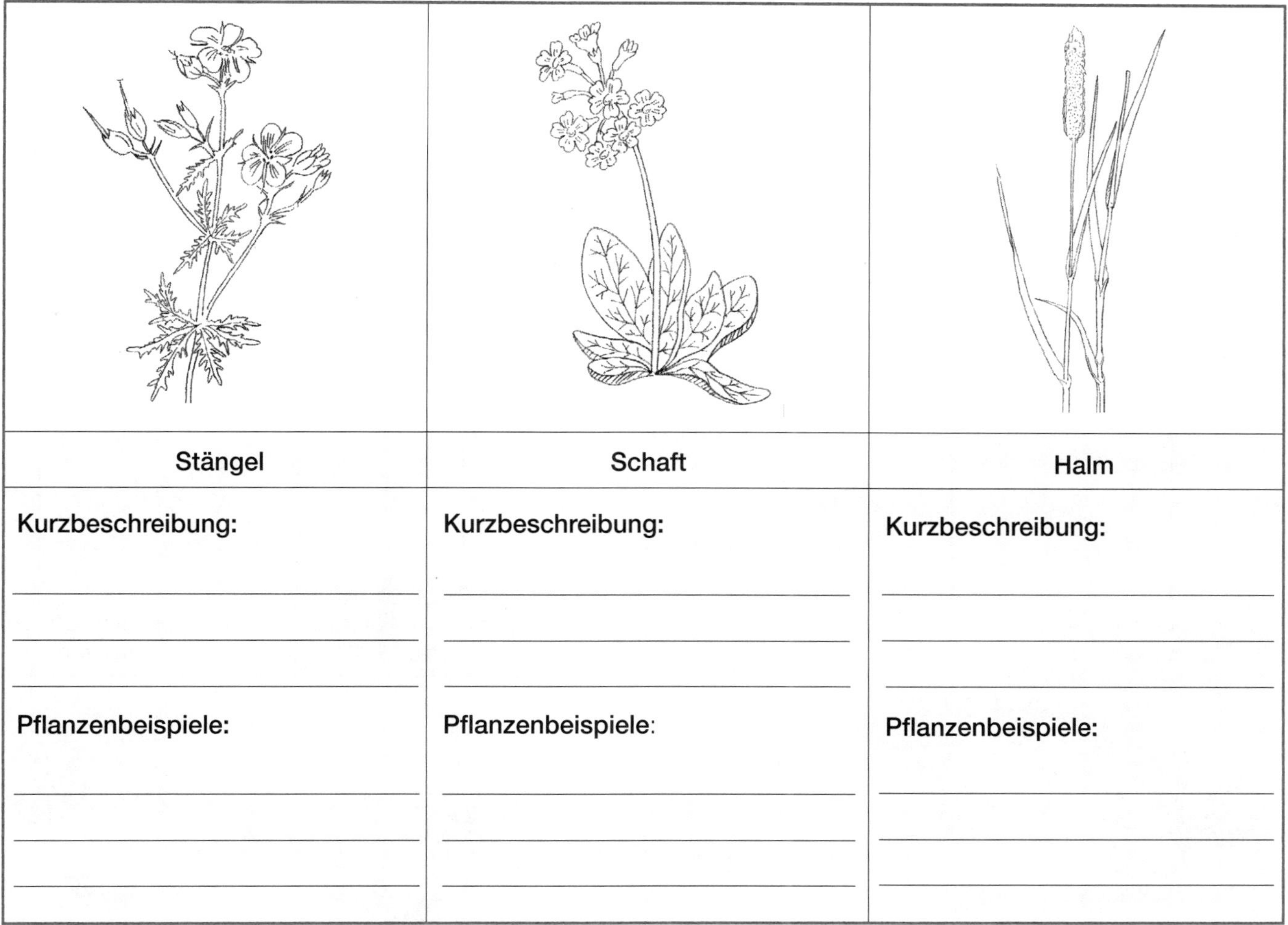

Stängel	Schaft	Halm
Kurzbeschreibung:	**Kurzbeschreibung:**	**Kurzbeschreibung:**
Pflanzenbeispiele:	**Pflanzenbeispiele:**	**Pflanzenbeispiele:**

5. Kreuzen Sie in der Tabelle die richtigen Merkmale der verschiedenen Sprossachsen an

Sprossachse	Stängel	Schaft	Halm
nicht verzweigt			
verzweigt			
beblättert			
ohne Blätter			
teilweise verholzt			
Träger der Blüten (Blütenstand)			
verdickte Blattknoten			
innen hohl			

6. Fassen Sie die Erkennungsmerkmale von Stängeln, Schaft und Halm stichwortartig unter der jeweiligen Zeichnung zusammen.

7. Ordnen Sie folgende Pflanzen den drei Abbildungen zu und ergänzen Sie die botanischen Pflanzennamen: Löwenzahn, Quecke, Vogelmiere, Franzosenkraut, Gänseblümchen, Wiesenrispe

Das Pflanzenreich

Zu dem Reich der Pflanzen gehören neben den Abteilungen der Moose und Farne die höchst entwickelten Pflanzen: die Samenpflanzen.
Der Pflanzenkörper von Samenpflanzen ist in Wurzel, Sprossachse und Blätter gegliedert.
In der Abbildung finden Sie einen Überblick über die Samenpflanzen.

1. Schreiben Sie in die Kästchen unter der Abbildung die fehlenden deutschen Familiennamen.

2. Schreiben Sie in die Tabelle unter die fünf Familien jeweils mindestens drei weitere Gattungen (mit den botanischen und deutschen Namen).

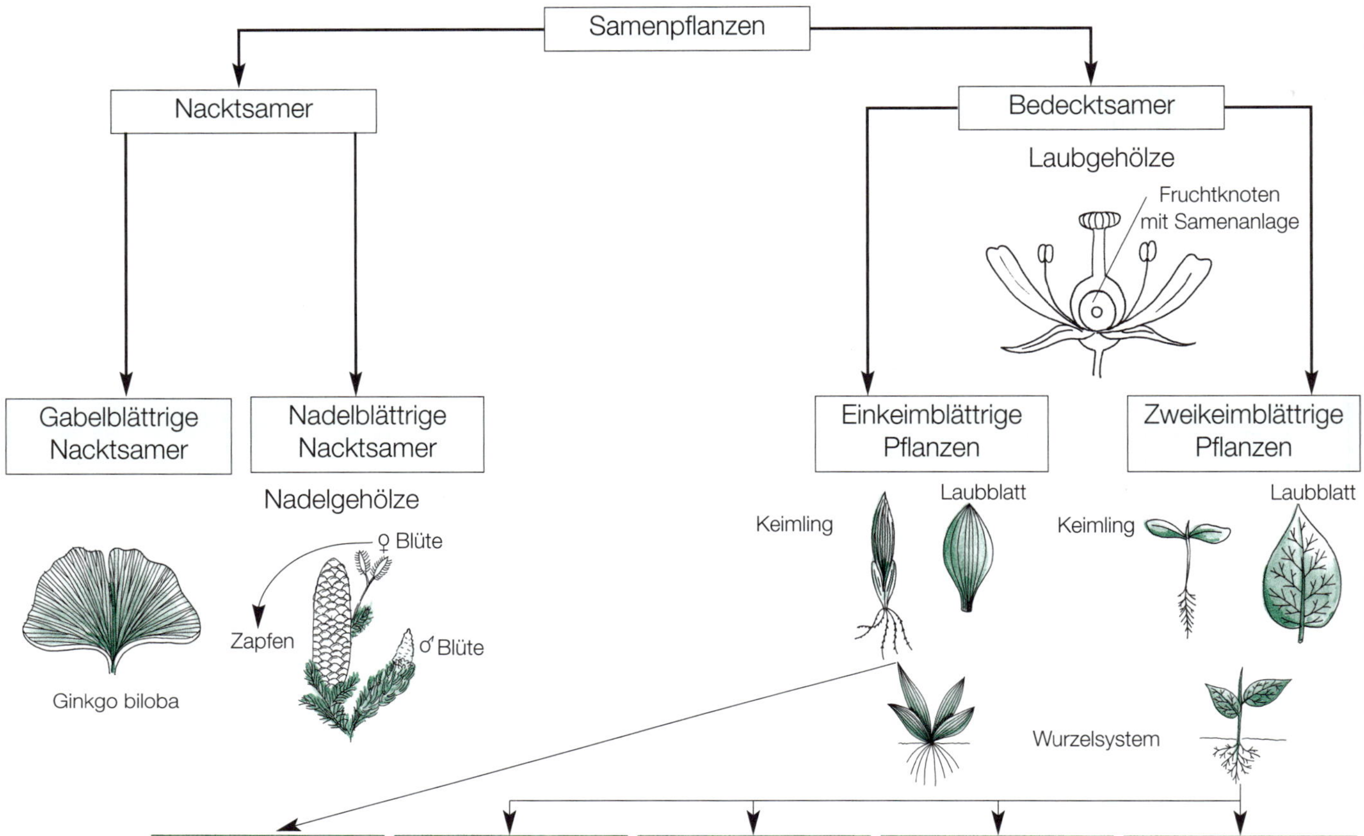

Samenpflanzen

Nacktsamer

Gabelblättrige Nacktsamer

Nadelblättrige Nacktsamer

Nadelgehölze

♀ Blüte

Zapfen

♂ Blüte

Ginkgo biloba

Bedecktsamer

Laubgehölze

Fruchtknoten mit Samenanlage

Einkeimblättrige Pflanzen

Zweikeimblättrige Pflanzen

Keimling

Laubblatt

Keimling

Laubblatt

Wurzelsystem

Familien: botanisch (deutsch)	Liliaceae (Lilien-gewächse)	Oleaceae	Rosaceae	Betulaceae	Fagaceae
Gattungen: botanisch (deutsch)	Allium (Lauch)	Ligustrum (Liguster)	Prunus (Kirsche, Pflaume)	Betula (Birke)	Quercus (Eiche)

3. Zählen Sie anhand der Abbildung auf Seite 12 in der Tabelle die Unterscheidungsmerkmale zwischen einkeimblättrigen und zweikeimblättrigen Pflanzen auf.

Einkeimblättrige Pflanzen	Zweikeimblättrige Pflanzen
–	–
–	–
–	–

4. Ergänzen Sie in der nachfolgenden Liste die Familiennamen (botanisch – deutsch).

Gattung und Art	Familie
Acer campestre	
Acer platanoides	
Tilia cordata	
Lonicera pileata	
Abies nordmanniana	
Viburnum rhytidophyllum	
Picea omorika	
Luzula sylvatica	
Alchemilla mollis	
Hedera helix	
Sambucus nigra	

Zuordnungen von Pflanzen

1. Schreiben Sie die deutschen Namen hinter die botanischen Namen.

2. Ordnen Sie die Beschreibungen bzw. Begriffe jeweils den richtigen Pflanzen zu. Zeichnen Sie entsprechende Verbindungspfeile ein, sodass jeweils von einem Pflanzennamen **ein** Pfeil ausgeht.

Beispiel:

Berberis julianae – Großblättrige Berberitze	Bodendecker
Pachysandra terminalis – Dickmännchen	Nadelgehölz
Cedrus atlantica 'Glauca' – Atlaszeder	hat Dornen

Taraxacum officinale – ______	Laubgehölz
Viburnum lantana – ______	Wildkraut
Cotoneaster dammeri var. radicans – ______	Staude
Cortaderia selloana – ______	immergrünes Nadelgehölz
Delphinium Hybride – ______	Bodendecker
Taxus baccata – ______	Ziergras

Larix decidua – ______	Wildkraut
Tilia platyphyllos – ______	laubabwerfendes Nadelgehölz
Stellaria media – ______	gelb blühender Strauch
Potentilla fruticosa – ______	weiß blühender Strauch
Philadelphus coronarius – ______	Kletterpflanze
Parthenocissus tricuspidata – ______	Baum

Rosa rugosa – ______	blüht gelb
Mahonia aquifolium – ______	großer Baum
Populus nigra 'Italica'– ______	Staude
Carex morrowii – ______	Ziergras
Hosta sieboldii – ______	hat Stacheln

Verwendung und Eigenschaften von Pflanzen

1. Erklären Sie folgende Begriffe:
   a) Heckenpflanze: ____________________
   ____
   b) Bodendeckerpflanze: ____________________
   ____
   c) Kletterpflanze: ____________________
   d) Solitärgehölz: ____________________
   e) Alleebaum: ____________________

2. Vervollständigen Sie die Namen der Gehölzpflanzen in der nachfolgenden Tabelle.

3. Ordnen Sie jedem Gehölz eine oder mehrere der nachfolgenden Verwendungsmöglichkeiten bzw. Eigenschaften zu: Heckenpflanze = H, Bodendeckerpflanze = B, Kletterpflanze = K, Solitärgehölz = S, Alleebaum = A

Gattung	Art	Sorte	Deutscher Name	Verwendung/ Eigenschaft
Aesculus	hippocastanum		Gemeine Rosskastanie	S + A
Cotoneaster				
			Gewöhnlicher Liguster	
Tilia				
			Buchsbaum	
Thuja				
			Efeu	
Clematis				
	baccata			
			Mahonie	
Robinia		'Umbraculifera'		
Pachysandra				
Salix		'Tristis'		
Parthenocissus				
Vinca				
			Sternmagnolie	

Gemeinsamkeiten und Unterschiede von Pflanzen

1. Eine Pflanzenart passt nicht zu den anderen in der Reihe. Streichen Sie Falsches durch und begründen Sie.

Beispiel:

- Convallaria majalis – Waldsteinia ternata – Digitalis purpurea – Delphinium Cultivars – Quercus robur – Geranium macrorrhizum

  Begründung: Quercus robur ist ein Laubbaum, alle anderen Pflanzenarten sind Stauden.

- Carpinus betulus – Cornus alba – Betula pendula – Tsuga canadensis – Hedera helix

  Begründung: ______________________________

  ____

- Pinus mugo – Larix decidua – Vinca minor – Abies koreana – Picea omorika

  Begründung: ______________________________

  ____

  ____

  ____

- Magnolia stellata – Kerria japonica – Forsythia intermedia – Mahonia aquifolium – Laburnum x watereri 'Voossii'

  Begründung: ______________________________

  ____

2. Was haben die im Folgenden aufgezählten Pflanzen jeweils gemeinsam? Finden Sie ein dazugehöriges weiteres Pflanzenbeispiel. Begründen Sie Ihre Entscheidung.

Beispiel:

- Sorbus aucuparia – Aesculus hippocastanum – Fraxinus excelsior – Catalpa bignonioides – Acer platanoides

  Begründung: Acer platanoides ist wie die anderen Beispiele ein Laubbaum.

- Vinca minor – Cotoneaster dammeri var. radicans – Euonymus fortunei var. radicans – ____________

  Begründung: ____________

- Tsuga canadensis – Taxus baccata – Picea abies – Abies concolor – ____________

  Begründung: ____________

- Fallopia aubertii – Lonicera henryi – Parthenocissus quinquefolia – ____________

  Begründung: ____________

- Cirsium arvense – Urtica dioica – Stellaria media – ____________

  Begründung: ____________

- Hamamelis japonica – Hibiscus syriacus – Corylus avellana – ____________

  Begründung: ____________

3. Ergänzen Sie in der Tabelle den deutschen Namen hinter dem botanischen Namen.
4. Erstellen Sie zu jeder Pflanze eine Kurzbeschreibung (Begriff). Achten Sie darauf, dass die Begriffe nicht doppelt vorkommen dürfen, z. B. nicht zweimal „Strauch".

botanischer Name	deutscher Name	Beschreibung
Kerria japonica	Ranunkelstrauch	Strauch
Viburnum opulus	Gewöhnlicher Schneeball	rote Früchte
Ribes sanguineum 'Atrorubens'		
Spirea x arguta		
Prunus spinosa		
Prunus serrulata		
Taxus baccata 'Fastigiata'		
Picea abies		

Pflanzenfarbstoffe – Versuch I

Viele Pflanzen verlieren im Herbst ihre Blätter. Bevor sie abfallen, verfärben sie sich oft gelb, rot oder orange. Wie kann man das erklären? Woher kommen jetzt die bunten Farbstoffe?

Sie können mithilfe einer Lehrperson einen Versuch durchführen, mit dem Blattfarbstoffe aus den Blättern herausgeholt werden.

Dazu benötigen Sie: einen Mörser mit Stößel, weißes Löschpapier oder Filterpapier, einen Bleistift, ein Wasserglas, eine Schere und Aceton (Nagellackentferner).

Durchführung: Legen Sie Laubblätter in den Mörser und geben Sie ca. 20 ml Aceton dazu. Nun werden die Laubblätter mit dem Stößel zerstampft, bis sich die Flüssigkeit grün färbt. Schütten Sie die Flüssigkeit in das Glas. Wickeln Sie einen schmalen Streifen Filter- oder Löschpapier um den Bleistift und hängen Sie das andere Ende des Papiers in die grüne Flüssigkeit.

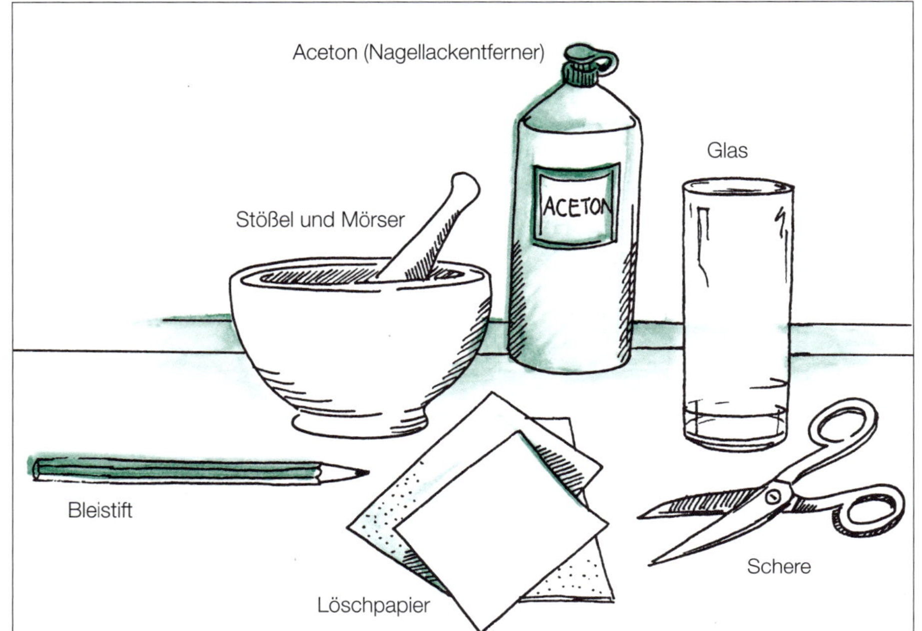

1. Was beobachten Sie?

____

____

2. Warum kann Ihr Versuchsergebnis die Frage erklären, woher die bunte Herbstfärbung von Blättern stammt?

____

____

____

____

____

____

Pflanzenfarbstoffe – Versuche II + III

Versuch II
Dazu benötigen Sie: 4 Wassergläser, Wasser, drei blaue Tintenpatronen eines Füllers, eine Schere, einen Löffel

Durchführung: Füllen Sie die Wassergläser mit jeweils 200 ml Wasser auf.
Schneiden Sie eine Tintenpatrone oben auf.
Geben Sie dann in das erste Glas einen Tropfen Tinte aus der Tintenpatrone.
In das zweite Glas füllen Sie zwei Tropfen, in das dritte Glas vier Tropfen und in das vierte Glas acht Tropfen. Rühren Sie mit dem Löffel um.

Welches Glas hat die dunkelste bzw. hellste Färbung? Erklären Sie anhand der unterschiedlichen Färbungen die Begriffe „Verdünnung" und „Konzentration".

Versuch III
Dazu benötigen Sie: zwei große Gläser, Wasser, drei grüne und drei rote Tintenpatronen, eine Schere, einen Löffel

Durchführung: Füllen Sie jeweils 400 ml Wasser in die Gläser.
Geben Sie in das erste Wasserglas 15 Tropfen grüne Tinte und einen Tropfen rote Tinte.
Geben Sie in das zweite Wasserglas 15 Tropfen rote Tinte und einen Tropfen grüne Tinte.
Rühren Sie den Inhalt beider Wassergläser um.

1. Was beobachten Sie?

2. Es gibt Pflanzen, die haben immer – nicht nur im Herbst – rote Blätter, z. B. Fagus sylvatica 'Purpurea Pendula'. Haben diese Pflanzen kein Blattgrün? Erklären Sie diese Besonderheit anhand des vorherigen Versuchs.

Was brauchen Pflanzen zum Leben?

Falls man vergisst, die Pflanzen auf der Fensterbank zu gießen, geht die Pflanze ein. Das weiß jeder. Pflanzen brauchen also Wasser. Das Wasser nimmt sich die Pflanze über ihre Wurzeln aus dem Boden.
Aber was brauchen die Pflanzen noch zum Leben?

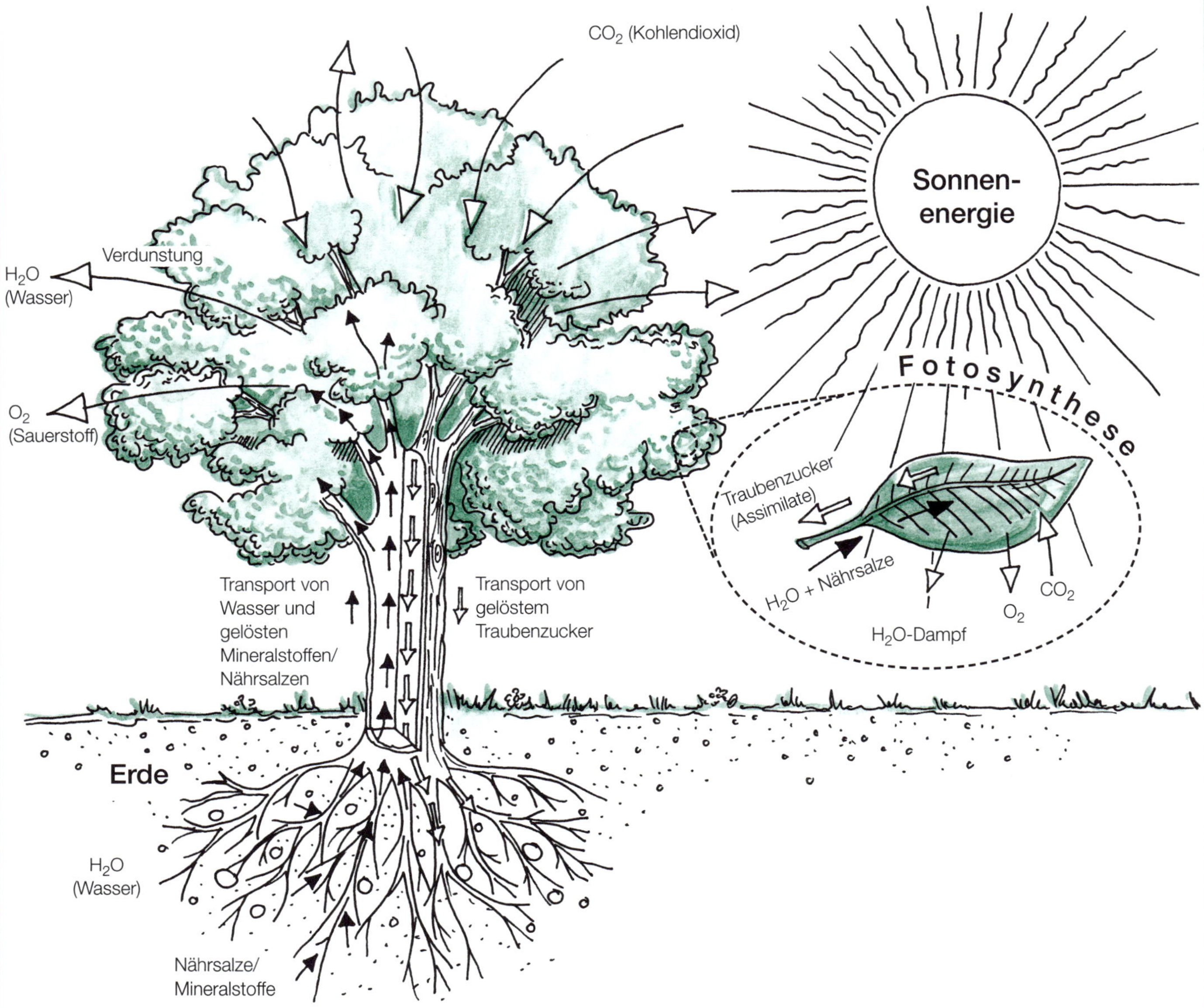

CO_2 (Kohlendioxid)

Sonnenenergie

Verdunstung

H_2O (Wasser)

O_2 (Sauerstoff)

Fotosynthese

Traubenzucker (Assimilate)

H_2O + Nährsalze

CO_2

O_2

H_2O-Dampf

Transport von Wasser und gelösten Mineralstoffen/ Nährsalzen

Transport von gelöstem Traubenzucker

Erde

H_2O (Wasser)

Nährsalze/ Mineralstoffe

1. Beschreiben Sie die Abbildung.

2. Was wird von den Blättern bei der Fotosynthese aufgenommen, was wird abgegeben?

3. Was versteht man unter „Verdunstung"?

4. Was nimmt die Pflanze über die Wurzeln auf?

5. Beim Vorgang der **Fotosynthese** spielen Sauerstoff, Kohlendioxid, Wasser, Blattgrün (Chlorophyll), Sonnenlicht und Traubenzucker eine Rolle.
Tragen Sie die Begriffe in das Schema ein.
Die Stoffe, die von der Pflanze gebraucht und verbraucht werden, stehen vor dem Pfeil. Dies sind sozusagen die Zutaten.
Die Stoffe, die von der Pflanze produziert werden, stehen hinter dem Pfeil. Dies ist das Ergebnis.
Auf bzw. unter dem Pfeil werden diejenigen Dinge eingetragen, die von der Pflanze gebraucht, aber nicht verbraucht werden.

+ → +

6. Schreiben Sie den Vorgang der Fotosynthese als Satz auf.

7. Mithilfe der Fotosynthese stellt die Pflanze Traubenzucker her. Der Traubenzucker wird in einen weiteren Stoff umgewandelt und gespeichert. Wie heißt dieser energiereiche Stoff?

8. Auch Pflanzen atmen!
Die Energie des Sonnenlichts ist im Traubenzucker gespeichert. Wird der Traubenzucker zersetzt, dann wird die Energie wieder frei (Atmung) und die Pflanze kann diese Energie für wichtige Lebensprozesse einsetzen.
Unter Atmung versteht man den umgekehrten Vorgang der Fotosynthese.

a) Stellen Sie wie in Aufgabe 5 eine Reaktionsgleichung auf.

+ → +

b) Überlegen Sie, für welche Lebensvorgänge die Pflanze Energie benötigt.

9. Vor vielen Jahren führte ein Naturwissenschaftler folgenden Versuch durch: Er nahm drei Gläser …

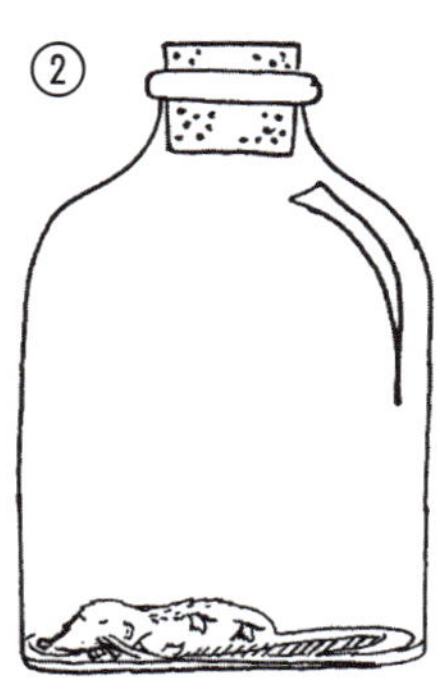

a) Beschreiben Sie den Versuchsaufbau anhand der Zeichnungen.

b) Was musste der Wissenschaftler nach kurzer Zeit feststellen?

c) Wie lässt sich das Ergebnis erklären?

Transpiration – Versuche I + II

Jeden Tag nimmt ein Baum mit seinen Wurzeln aus dem Boden Wasser auf, das er bis zu den Blättern leitet. An den Unterseiten der Blätter befinden sich kleine Öffnungen, die man Spaltöffnungen oder Stomata nennt, aus denen das Wasser wieder verdunstet. Diese Öffnungen sind so klein, dass man sie nur mit dem Mikroskop erkennen kann. Verdunstung nennt man auch Transpiration.

Führen Sie zwei Versuche durch, mit denen man die Behauptung überprüfen kann, dass Pflanzen über die Blätter transpirieren:

Versuch I
Stülpen Sie über die Spitze eines Zweiges eines lebenden Baumes, z. B. einer Birke, eine durchsichtige Plastiktüte und verbinden Sie das offene Ende luftdicht.

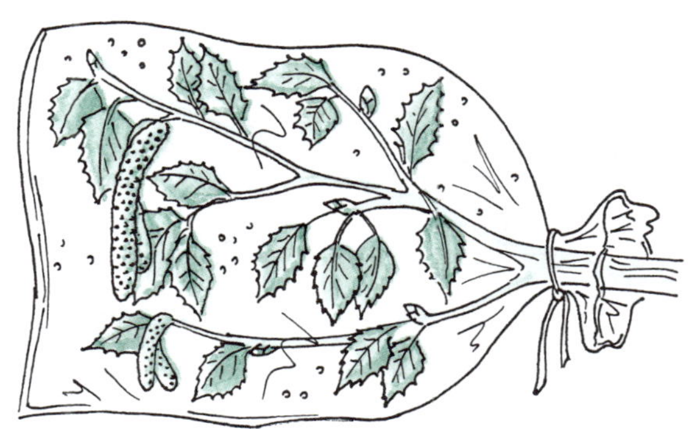

1. Was beobachten Sie nach einer Stunde, nach einem Tag? Wie erklären Sie Ihre Beobachtung?

____

____

____

____

____

____

Versuch II
Gießen Sie in ein Glas Wasser und fügen Sie etwas Öl dazu. Stellen Sie einen Zweig hinein und markieren Sie den Wasserstand an dem Glas.

2. Kontrollieren Sie den Wasserstand nach 5 Stunden und nach einem Tag. Was stellen Sie fest?

____

____

3. Warum ist es sinnvoll, das Wasser mit Öl zu überschichten?

____

____

____

4. Wie könnte man herausfinden wie viel Wasser pro Quadratmeter Blattfläche verdunstet?

____

____

____

____

____

____

____

____

Wuchsdauer von krautigen Pflanzen

Pflanzen können nach ihrem äußeren Erscheinungsbild in **krautige Pflanzen** und **verholzte Pflanzen** eingeteilt werden. Die Lebensdauer von krautigen Pflanzen ist unterschiedlich. Man unterscheidet einjährige (annuelle), zweijährige (bienne) und ausdauernde (perenne) Pflanzen.
In der Abbildung ist die Entwicklung einer einjährigen und einer zweijährigen Pflanze dargestellt.

1. Setzen Sie in die freien Kästchen folgende Begriffe ein:
   Blüte – Blüte – Keimung – Keimung – neues Wachstum – Rosettenbildung – Samenbildung – Samenbildung – Samenruhe – Samenruhe – Überwinterung – Samenverbreitung – Samenverbreitung – Wachstum – Wachstum

Einjährige Pflanze

Frühjahr
Winter
Herbst
Sommer

Zweijährige Pflanze

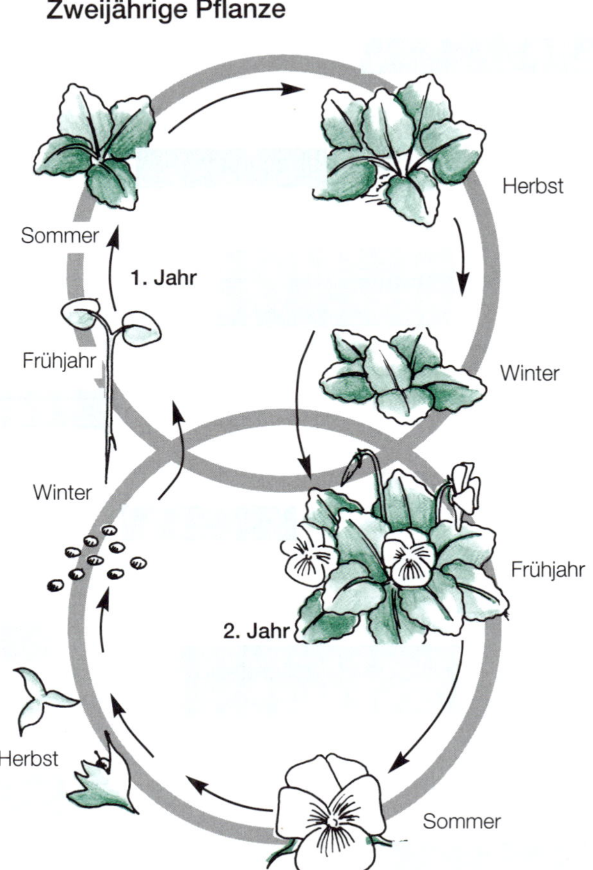

2. Erklären Sie mit eigenen Worten die unterschiedlichen Lebensabläufe und geben Sie jeweils ein Pflanzenbeispiel an.

3. Was ist der Unterschied zwischen krautigen und verholzten Pflanzen?

4. Erklären Sie den Begriff Staude und nennen Sie zwei Pflanzenbeispiele.

Pflanzenwachstumsversuch

Die meisten Pflanzen wachsen nach oben. Was aber passiert, wenn man einer Pflanze das Nach-oben-Wachsen „verbietet"?

Führen Sie hierzu innerhalb Ihrer Klasse einen Versuch durch.

- **Dazu benötigen Sie:** zwei kleine Blumentöpfe, zwei keimende Kartoffeln (oder auch Gartenbohnen), einen Schuhkarton, Pappe, Schere, Klebestreifen, Blumenerde und Wasser.
- Pflanzen Sie in die Blumentöpfe die keimenden Kartoffeln.
- Nehmen Sie den Deckel des Schuhkartons ab. Stellen Sie den Schuhkarton quer hin. Schneiden Sie aus Pappe drei Zwischenwände und befestigen Sie diese mit Klebestreifen im Schuhkarton. Die Zwischenwände sollen so aussehen, dass entweder oben oder unten oder in der Mitte ein Spalt für das Licht offen bleibt. An der einen Seite des Schuhkartons soll ein rundes Loch geschnitten werden.
- Stellen Sie nun den einen Blumentopf mit Kartoffel in den Karton, sodass er gegenüber dem Seitenwand-Loch steht.
  Vergleichen Sie Ihren Versuchsaufbau mit der Zeichnung. Verschließen Sie nun den Schuhkarton mit dem Deckel. Achten Sie darauf, dass die Blumenerde nicht austrocknet!
  Den zweiten Blumentopf mit Kartoffel stellen Sie zum Vergleich <u>neben</u> den Karton.

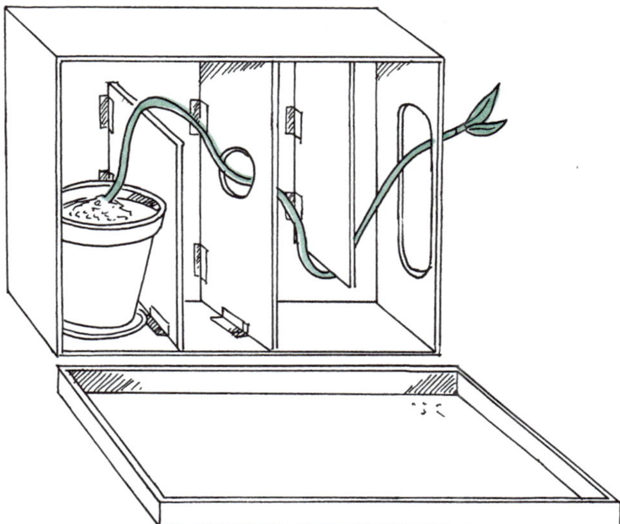

1. Was beobachten Sie nach ein, zwei oder drei Wochen in den beiden Blumentöpfen?

___

___

___

2. Wie lassen sich die Versuchsergebnisse erklären?

___

___

___

___

___

Unkräuter oder wilde Kräuter?

Taraxacum officinale –

____

Wildkräuter sind keine gezüchteten und gezielt angebauten Nutzpflanzen. Früher bezeichnete man sie als „Unkräuter", weil sie an Standorten auftreten, an denen sie vom Menschen als störend empfunden werden.

1. Ordnen Sie den Zeichnungen in den Randspalten auf den Seiten 24 und 25 die folgenden deutschen Pflanzennamen zu: Löwenzahn – Gemeines Kreuzkraut – Vogelmiere – Franzosenkraut – Kleine Brennnessel – Große Brennnessel – Ackerkratzdistel – Giersch

2. Erstellen Sie ein **Pflanzen-Memory**. Dazu benötigen Sie Fotos dieser Wildkräuter. Sie finden z. B. Abbildungen im Internet. Kleben Sie diese Fotos auf ein separates Blatt Papier, z. B. eine Karteikarte. Dann schreiben Sie auf ein weiteres Kärtchen den botanischen Namen und auf ein drittes Kärtchen den deutschen Namen. Wenn Sie von allen Wildkräutern die Fotos und die Namen aufgeschrieben haben, drehen Sie die Karten um und mischen sie. Jetzt werden jeweils drei Karten umgedreht. Wenn Foto und botanischer Name und deutscher Name zusammenpassen, gehört der Stapel Ihnen. Falls die drei Karten nicht zusammengehören, drehen Sie sie wieder um. Merken Sie sich die Stellen! Dieses „Spiel" kann man mit mehreren Mitschülern spielen und mit weiteren Pflanzenabbildungen ergänzen.

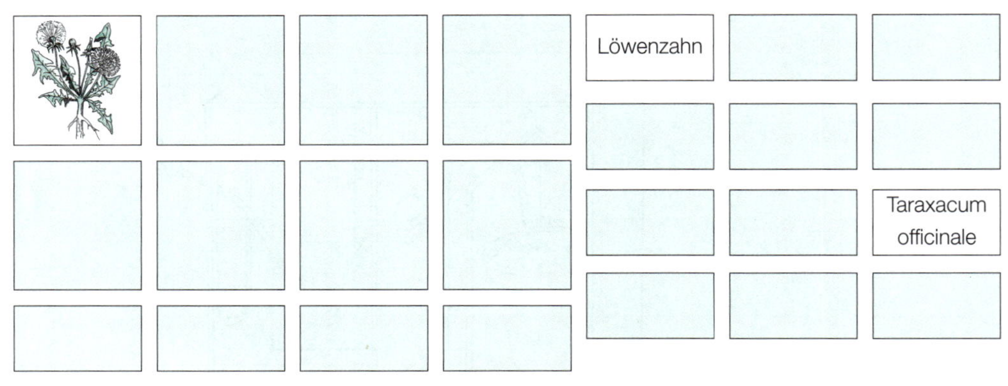

Stellaria media –

____

3. Erklären Sie, warum „Unkräuter" aus dem Garten entfernt werden.

____

____

____

____

____

Galinsoga parviflora –

____

4. Nennen Sie Möglichkeiten der Wildkrautbekämpfung.

____

____

____

____

____

____

____

____

Urtica dioica –

____

5. Nach der Lebensdauer werden die Wildkräuter in Samenunkräuter und Wurzelunkräuter eingeteilt. Erklären Sie die Begriffe.

Samenunkräuter/Samenwildkräuter ____________________

Wurzelunkräuter/Wurzelwildkräuter ____________________

6. Welche der auf den Seiten 24 und 25 abgebildeten Wildkräuter sind Samenunkräuter und welche sind Wurzelunkräuter? Ordnen Sie die Pflanzennamen (botanisch und deutsch) in die Tabelle ein:

Samenunkräuter	Wurzelunkräuter

7. Obwohl die aufgeführten Wildkräuter meist nicht gern in Gärten oder in einem Gartenbetrieb gesehen und deshalb entfernt werden, sind einige der Wildkräuter essbar oder haben sogar Heilwirkung.
Finden Sie zu einigen der aufgeführten Wildkräuter in Pflanzenbüchern oder im Internet mögliche Wirkungsweisen heraus.

Senecio vulgaris – __________

Cirsium arvense – __________

Aegopodium podagraria – __________

Urtica urens – __________

Blüten-Rätsel

In der Zeichnung ist eine zwittrige Blüte dargestellt. Lösen Sie folgendes Rätsel zum Thema Blütenaufbau. Die grün markierten Felder ergeben von oben nach unten gelesen das Lösungswort.

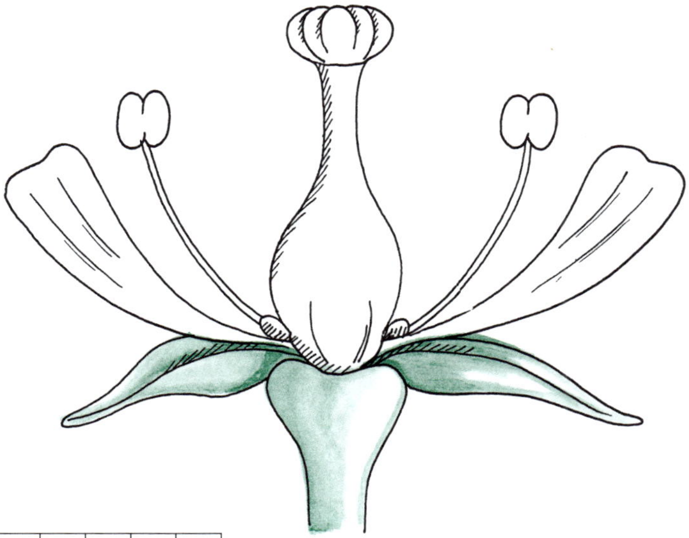

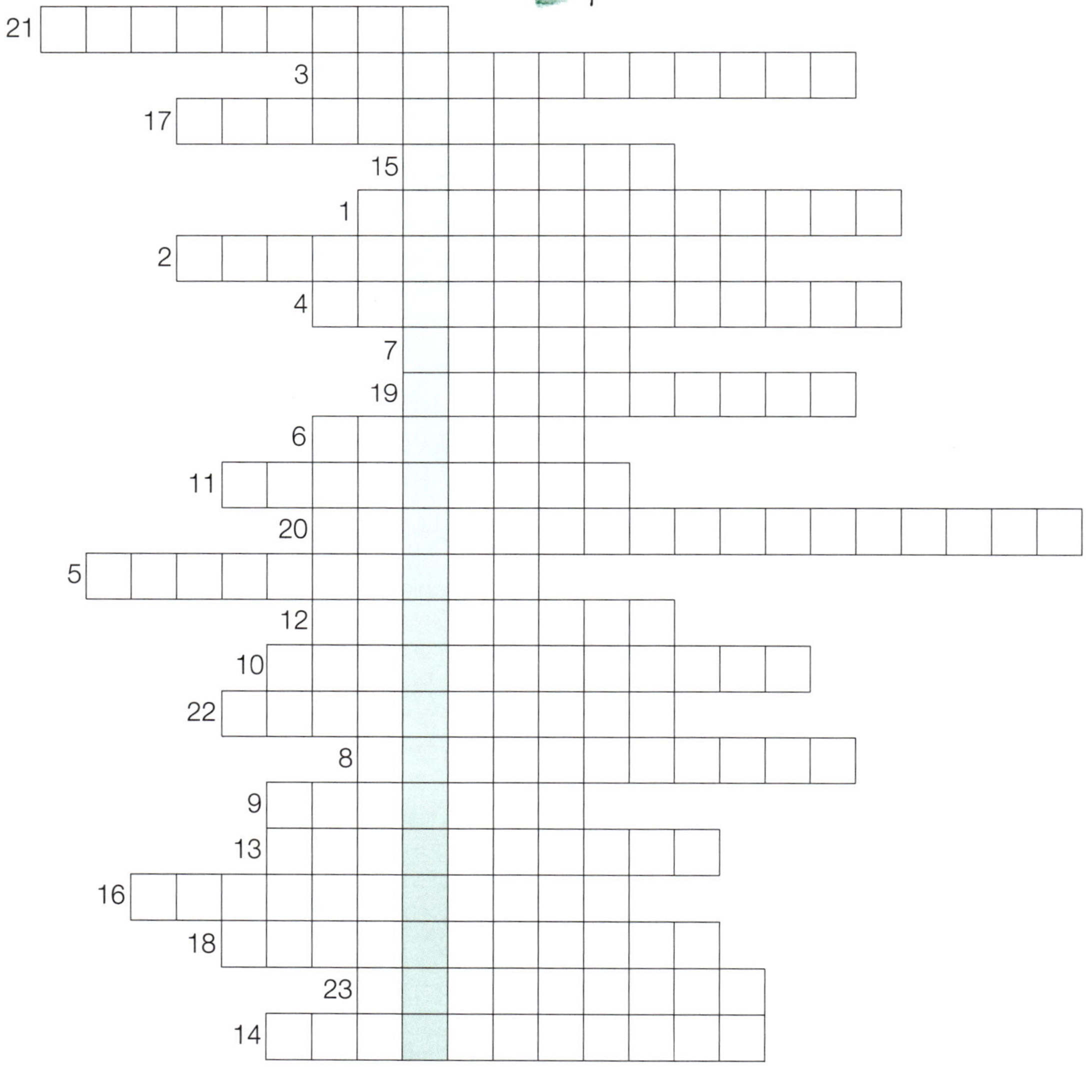

21
3
17
15
1
2
4
7
19
6
11
20
5
12
10
22
8
9
13
16
18
23
14

LÖSUNG: ______ – ___ ______________

1 Diese Blätter der Blüte sind grün und schützen die jungen Blütenknospen.

2 Diese Blätter der Blüte sind bunt oder weiß gefärbt und locken die Insekten an.

3 männliche Geschlechtsorgane einer Blüte

4 weibliche Geschlechtsorgane einer Blüte

5 Er ist Bestandteil des männlichen Geschlechtsorgans, man nennt ihn auch „Filament".

6 Sie befinden sich in den Pollensäcken.

7 Sie ist Bestandteil des Fruchtblattes und fängt den Pollen auf.

8 Sie befindet sich im Fruchtknoten und enthält die Eizelle.

9 Er befindet sich zwischen Narbe und Fruchtknoten.

10 Neben der Narbe und dem Griffel Bestandteil des weiblichen Geschlechtsorgans (Dort befinden sich die Samenanlage und die Eizelle.)

11 Sie befinden sich auf dem Blütenboden zwischen Staub- und Fruchtblättern und scheiden Nektar ab.

12 Sie werden durch den Nektar angelockt.

13 So nennt man den Vorgang der Pollenübertragung auf die Narbe.

14 Bestandteil des Staubblattes neben dem Staubfaden

15 die zwei Hälften des Staubbeutels

16 die zwei Bestandteile einer Theka

17 ein anderer Begriff für zweigeschlechtlich

18 ein anderer Begriff für Blütenblätter

19 Sie dienen ebenfalls der Anlockung von Insekten und sondern Duft ab.

20 Blüten, die nicht zweigeschlechtlich sind, sondern nur ein Geschlecht haben.

21 Pflanzen mit eingeschlechtlichen Blüten, bei denen sich männliche **und** weibliche Blüten auf **derselben** Pflanze befinden.

22 Pflanzen mit ausschließlich weiblichen Blüten und Pflanzen derselben Art mit ausschließlich männlichen Blüten wie z. B. Weide, Eibe.

23 Gesucht wird ein Beispiel für eine einhäusige Pflanze. Bei der gesuchten Pflanze handelt es sich um einen Strauch. Die männlichen Blüten sind gelbe Kätzchen, die vor dem Laubaustrieb blühen, die weiblichen Blüten sind unscheinbar und bis auf die roten fädigen Narben in den Knospen verborgen.

Blütezeiten

Ihre Firma hat den Auftrag erhalten, einen Garten zu gestalten. Der Kunde möchte viele Gehölzpflanzen und einige Stauden in seinem Garten. Allerdings wünscht er sich einen Garten, in dem es das ganze Jahr über blüht. Das bedeutet, in jedem Monat muss mindestens eine Pflanze blühen.
Machen Sie dem Kunden Pflanzvorschläge. Benutzen Sie dazu einen Pflanzenkatalog.

1. Ergänzen Sie in der Tabelle die römischen Ziffern unterhalb der Blütemonate.
2. Tragen Sie in die Tabelle mithilfe von Pfeilen die Blütezeiten der Pflanzen ein.
3. Schreiben Sie unter den Namen der Pflanze, ob es sich um einen Baum, einen Strauch oder eine Staude handelt.
4. Machen Sie ebenfalls eine Angabe zur Blütenfarbe.

Gattung und Art	**Blüten-farbe**	**Jan.** I	**Feb.** II	**März** ___	**April** ___	**Mai** ___	**Juni** ___	**Juli** ___	**Aug.** ___	**Sep.** ___	**Okt.** ___	**Nov.** ___	**Dez.** ___
Magnolia soulangeana → Baum	weiß-rosa				←	→							

Pflanzennährstoffe

Man hat herausgefunden, dass 16 Nährelemente für die Pflanzen lebensnotwendig sind.
In diesem Gewirr von Buchstaben sind einige dieser lebensnotwendigen Nährelemente versteckt. Als kleine Hilfe sind die chemischen Zeichen dieser Nährelemente unterhalb der Tabelle aufgeführt.

1. Markieren Sie die Nährstoffe in dem Buchstabensalat und schreiben Sie die Begriffe neben die unten aufgeführten chemischen Zeichen.

A	F	M	A	G	N	E	S	I	U	M	U	M	S	C	H	W	E	F	E	L	U	E	P	P
G	H	J	U	Z	K	K	K	L	T	E	W	R	Z	U	I	O	M	K	F	S	A	I	O	W
D	S	A	U	E	R	S	T	O	F	F	D	K	D	F	S	Q	Y	X	M	L	Ö	S	I	A
Q	E	D	F	G	B	H	Z	F	G	J	A	A	F	B	T	A	Q	V	M	Ü	A	E	Q	S
C	A	L	C	I	U	M	C	B	G	K	L	L	E	W	I	Q	A	D	Ä	I	I	N	W	S
E	W	Q	A	I	O	G	H	J	K	L	R	I	W	S	C	Q	W	D	B	H	H	K	I	E
Z	R	E	D	F	G	Z	U	I	O	L	Ö	U	Q	Y	K	F	R	I	K	L	N	M	E	R
I	Z	U	D	Q	X	C	B	T	Z	H	J	M	I	P	S	F	K	U	P	F	E	R	Y	S
N	W	R	T	Z	U	H	J	K	L	Ö	Z	T	E	S	T	S	W	E	F	R	H	U	K	T
K	S	P	H	O	S	P	H	O	R	S	A	L	A	T	O	W	E	R	D	E	N	N	J	O
W	E	R	W	I	E	W	A	S	W	I	E	S	O	H	F	A	C	H	S	O	H	E	F	F
X	K	O	H	L	E	N	S	T	O	F	F	T	Ü	T	F	T	Ö	R	Ö	Ö	X	Y	Z	F

N =	K =
Fe =	S =
Mg =	O =
Ca =	Zn =
C =	Cu =
H =	P =

Nach dem Mengenbedarf der Pflanzen an diesen Nährstoffe unterscheidet man zwischen Hauptnährstoffen und Spurennährstoffen. Hauptnährstoffe werden von den Pflanzen in größeren Mengen, Spurennährstoffe in nur sehr kleinen Mengen benötigt.

2. Tragen Sie in die Tabelle ein, welche der im Buchstabensalat gefundenen Nährstoffe von den Pflanzen in größeren und welche in kleinen Mengen benötigt werden.

Hauptnährstoffe	Spurennährstoffe

3. Welche dieser 12 Nährstoffe bekommt die Pflanze aus dem Boden (chemische Zeichen)? ______________________

4. Welche dieser 12 Nährstoffe bekommt die Pflanze aus der Luft (chemische Zeichen)? __________

Früchte

1. Erklären Sie (im Klassenverband) die Grafik zur Samen- und Fruchtbildung. Machen Sie sich jeweils Notizen zu den Schritten und beschriften Sie die Frucht.

Blüte

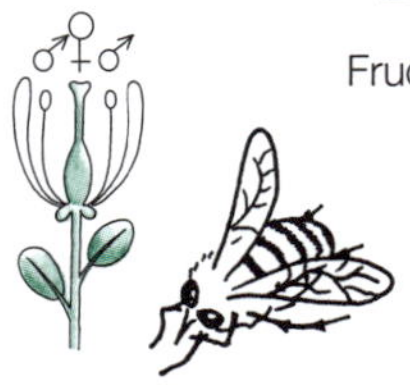

Bestäubung

Fruchtblatt/Stempel ♀

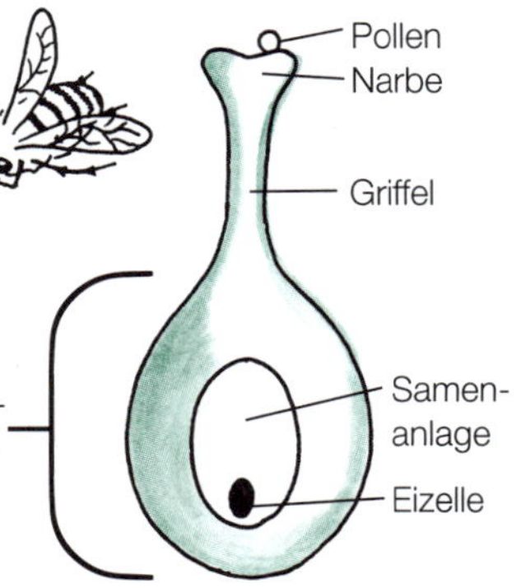

____

____

____

Befruchtung

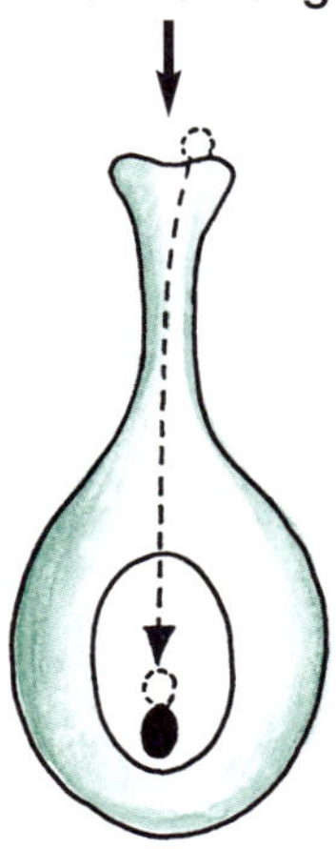

____

____

____

Samen- und Fruchtbildung

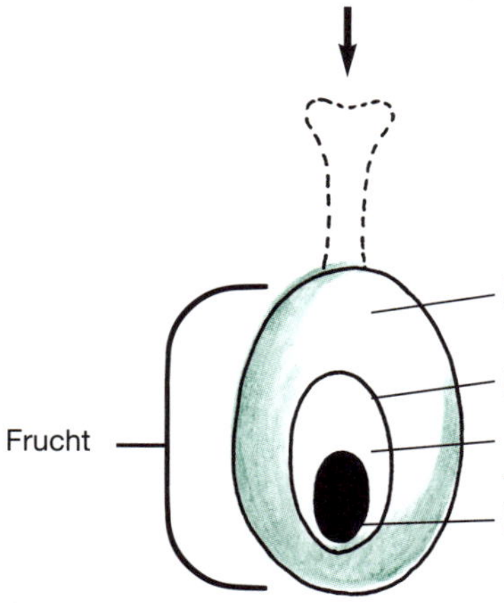

____

____

____

Fruchtknotenwand wird zur ____________

Hülle der Samenanlage wird zur ____________

____

befruchtete Eizelle wird zum ________ (enthält ________, ________, ________)

} Samen

2. Warum bilden viele Pflanzen Früchte?

____

3. Was ist der Unterschied zwischen einer Frucht und einem Samen?

____

____

4. Zu welchen Pflanzen gehören die abgebildeten Früchte? Gesucht werden die deutschen Namen der Pflanzen. Nehmen Sie das Silbenrätsel zur Hilfe:

   Lin – wen – che – Son – horn – bu – me – pel – sche – zahn – ke – de – bu – che – Bir – ta – A – Lö – Kas – nie – Hain – nen – blu – Kir – Pap – Rot – Mohn – chel – Ei

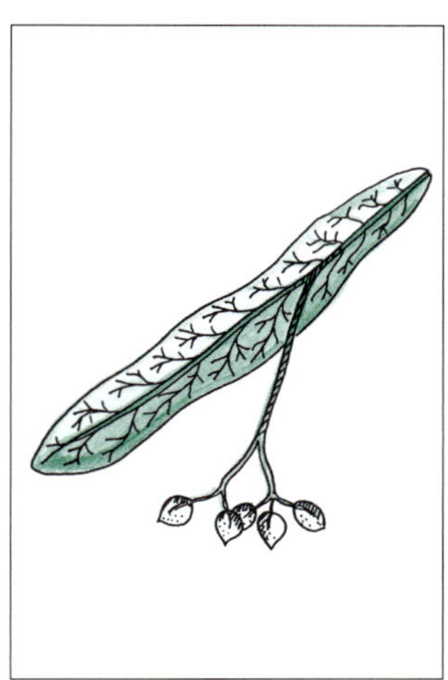

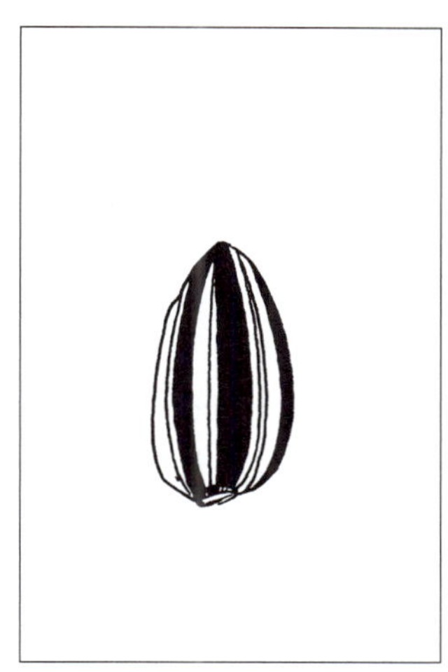

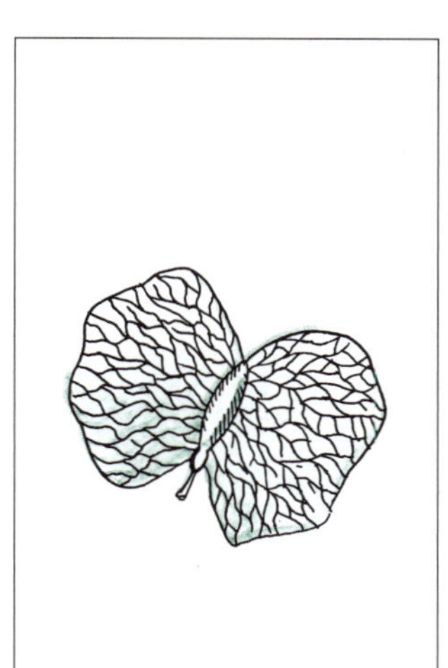

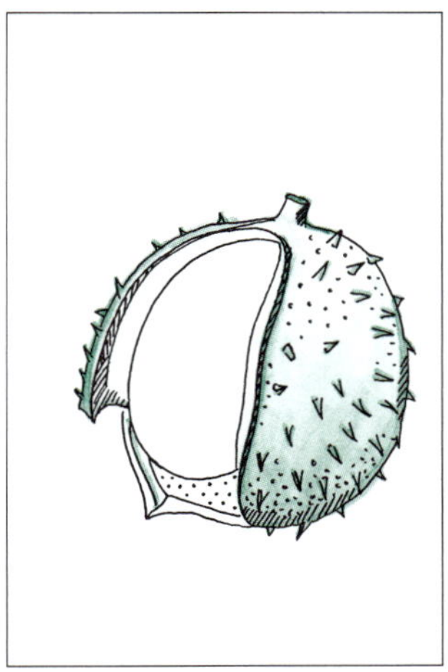

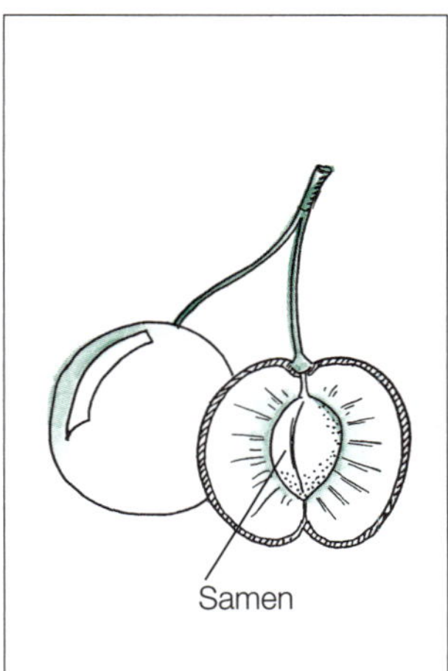

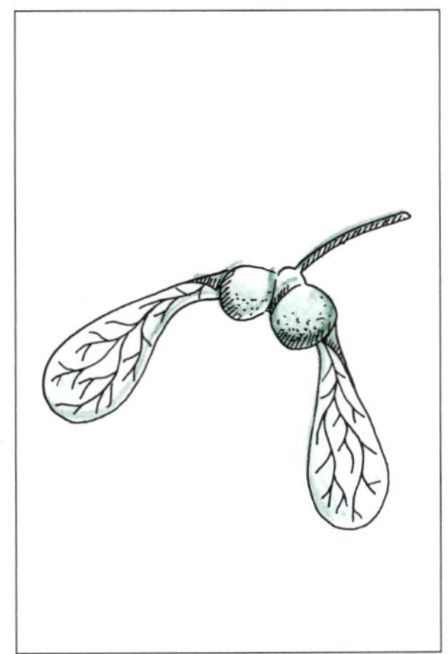

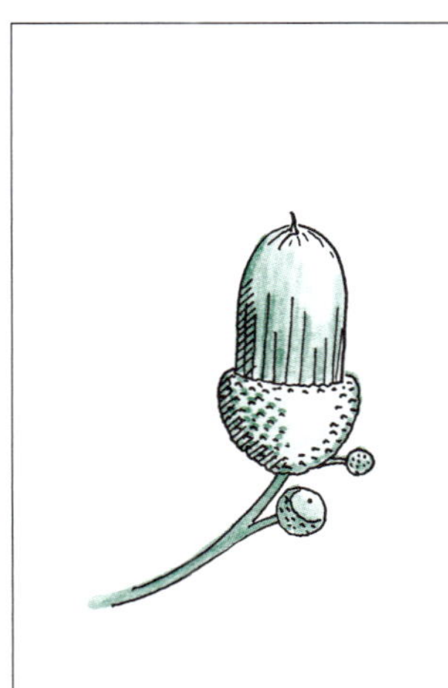

Die Wurzel

Fast alle Pflanzen haben Wurzeln. Diese entwickeln sich aus der Keimwurzel. Bei manchen Pflanzen bildet sich daraus eine kräftige Hauptwurzel, die auch „Pfahlwurzel“ genannt wird. Bei anderen Pflanzen stirbt die Keimwurzel ab und es bilden sich stattdessen gleich starke Wurzeln an der Sprossbasis, die man „Büschelwurzeln“ oder „Adventivwurzeln“ nennt.

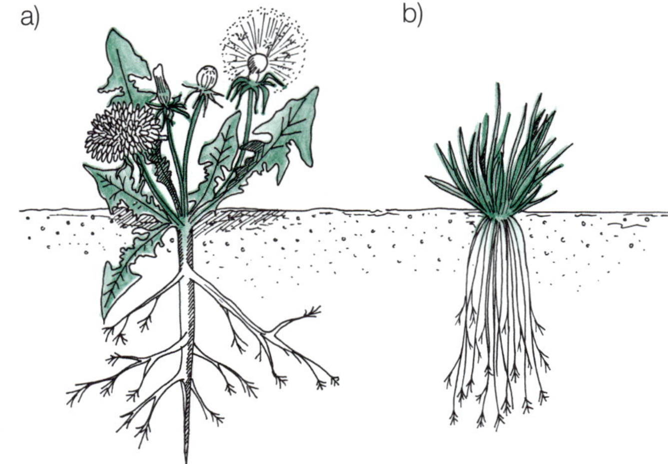

Wurzelsystem a) einer zweikeimblättrigen und b) einer einkeimblättrigen Pflanze

1. Welche Aufgaben haben die Wurzeln?

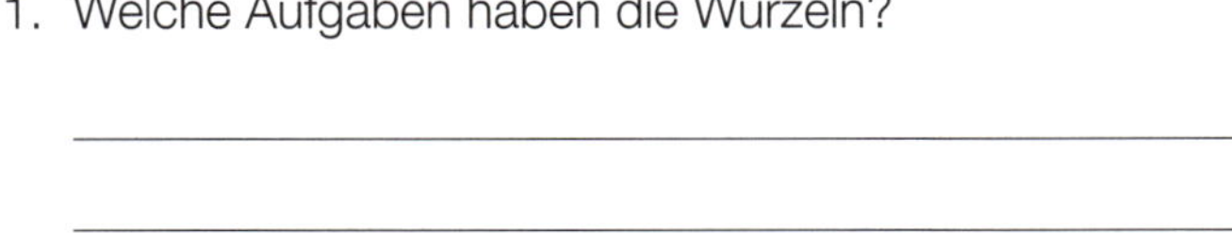

2. Kennen Sie Pflanzen, die keine Wurzeln haben?

3. Betrachtet man eine Wurzelspitze unter dem Mikroskop, so lassen sich verschiedene Bereiche erkennen. Beschriften Sie in der Zeichnung die verschiedenen Zonen der Wurzelspitze und beschreiben Sie, was in den einzelnen Zonen stattfindet.
   Beschriften Sie außerdem die zwei Pfeile ganz unten an der Wurzelspitze.

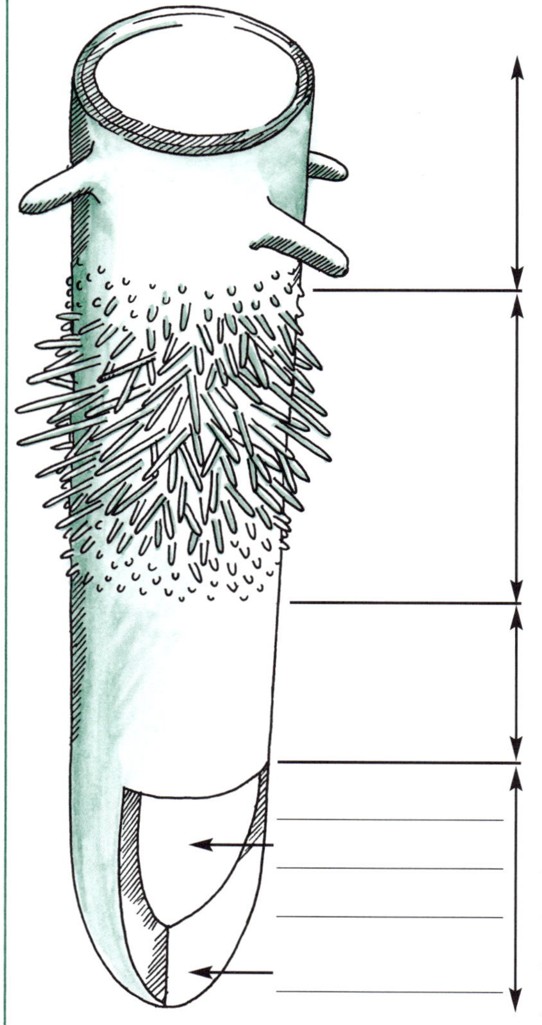

4. Wie lässt sich erklären, dass die meisten großen Pflanzen (z.B. Bäume) zu den zweikeimblättrigen Pflanzen gehören und einkeimblättrige Pflanzen meist von kleinem Wuchs sind?

5. Manchmal ist es sinnvoll, die Wurzeln einer Pflanze zum Wachstum anzuregen. Nennen Sie Beispiele aus der gärtnerischen Praxis, die einer Pflanze zu einer vermehrten Wurzelbildung verhelfen.

6. Nach einem Sturm wurden Fichten entwurzelt. Die Tannen blieben stehen.
Es kann aber auch passieren, dass der Stamm einer Tanne abknickt.
Erläutern Sie die Beobachtung.

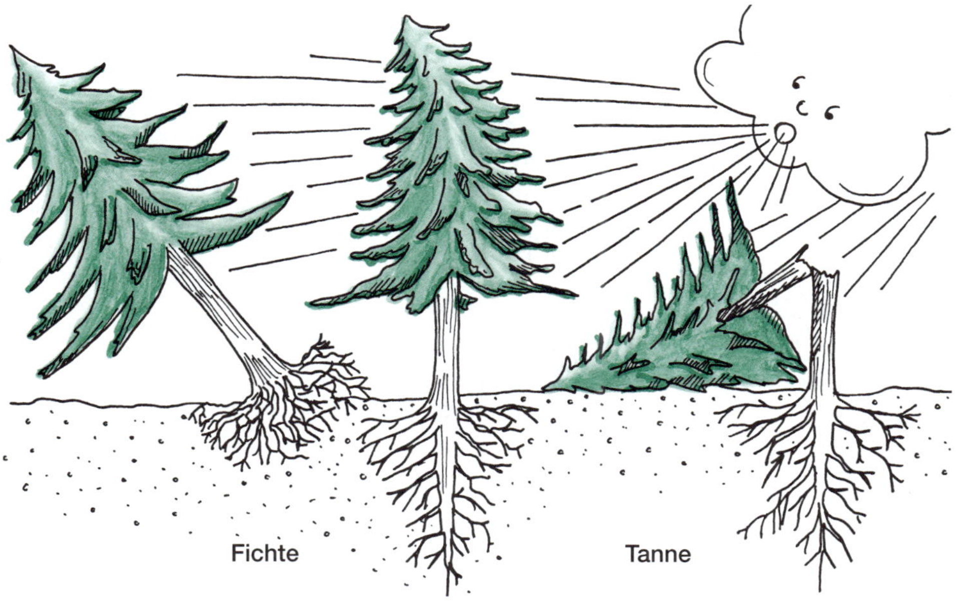

Fichte

Tanne

Warum sind Bäume wichtig?

Lesen Sie sich die folgenden Ausschnitte aus Zeitungen und Zeitschriften sowie Veröffentlichungen aus dem Internet durch.
Tragen Sie stichwortartig die wichtigen Funktionen der Bäume für Mensch und Tier in die Zeichnung auf der nächsten Seite ein.

„Vor allem im Sommer führt die Sonneneinstrahlung in der Stadt zu Hitze- und Schwülebelastungen. Die Gebäude und die Straßendecken speichern die Wärme des Tages und geben sie nachts langsam ab. Deshalb kommt es auch nachts nur zu geringer Abkühlung der Luft.

Bäume speichern im Gegensatz zu Gebäuden die Hitze nicht. Vor allem die Krone der Bäume kühlt in der Nacht schnell ab und sorgt für die Absenkung der Temperatur."

„Bäume in der Stadt verhindern als Schattenspender eine Überhitzung. Zudem verdunsten die Blätter Wasser, deshalb kühlt die Luft leicht ab."

„Vor allem in den Städten beeinträchtigen Luftverunreinigungen die Lebensqualität der Menschen. Die Blätter der Bäume sind in der Lage, Schadstoffe aufzunehmen und an ihrer Oberfläche zu filtern."

„Die Bäume sind besonders durch Abholzen und Waldbrände bedroht. Die Umweltforscher verweisen darauf, dass die Bäume unersetzlicher Bestandteil des Ökosystems sind. Sie fungieren als Wasserspeicher und regeln das Klima. Mit ihren Wurzeln halten sie den Boden fest und schützen vor Bodenerosion."

„In den tropischen Regenwäldern sind 90 Prozent aller Tier- und Pflanzenarten zu Hause. 80 Prozent aller Medikamente werden aus Pflanzen, darunter viele Bäume, gewonnen."

„Ein Mensch atmet pro Tag ca. 10 000 Liter Luft ein und aus. Diese Luft wird von Pflanzen und Bäumen gefiltert; sie geben uns Sauerstoff und sichern unsere eigene Existenz. Eine Erde ohne Bäume und Wälder ist nicht bewohnbar."

„Für den Gartenbau sind Bäume wichtige Gestaltungsmittel. Mit ihrer Hilfe lassen sich Gärten gliedern. Die Anpflanzung von Bäumen in Fußgängerzonen und an Straßenrändern macht Städte und Gemeinden attraktiv."

„Bäume sind Rohstoff- und Nahrungsmittellieferanten. Sie liefern uns das Holz für Möbel und Papier, Holzkohle zum Heizen und Früchte wie Birnen und Äpfel."

„Alle Lebewesen eines Raumes bilden eine Lebensgemeinschaft (Biozönose). Hierzu gehören Pflanzen und Tiere. Pflanzenfresser sind direkt auf Pflanzen angewiesen, so sind viele Bäume Futterquellen für zahlreiche Käfer, Bienen, Raupen.

Anderen Tieren bieten Bäume Unterschlupf, Versteck und Brutmöglichkeiten."

„In vielen Kindergärten und Schulen geht man dazu über, einige Biologiestunden im Freien zu verbringen. Steht man z. B. einige Zeit in Ruhe unter einem Baum, so lassen sich viele Naturbeobachtungen machen und die Kinder und Jugendlichen für die Natur begeistern."

„In größeren Landschaftsgärten können Bäume einen Windschutz darstellen. Von unschätzbarem Wert sind sie als Lärmschutz. Bäume dienen als Sichtschutz, denn sie sorgen für Abschirmung vor der Einsicht von erhöhten Häusern oder Hochhäusern."

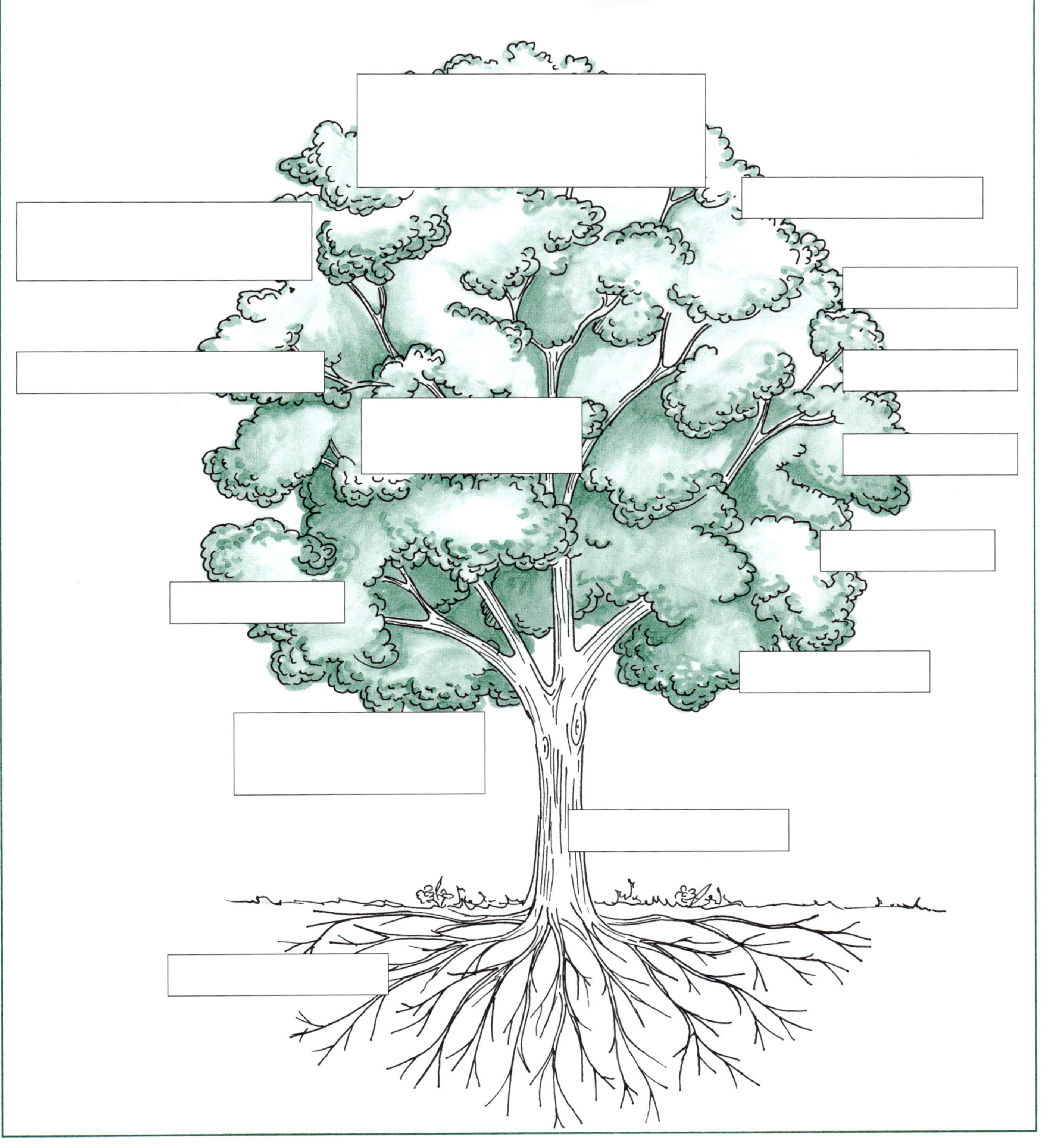

Besondere Wuchsformen von Bäumen

Einige Gehölze zeichnen sich durch eine besondere Wuchsform aus.

1. Bezeichnen Sie die dargestellten Wuchsformen der Bäume. Zur Verfügung stehen: Kugelform – Säulenform – Hänge- bzw. Trauerform – Pyramiden- bzw. Kegelform.

2. Von den aufgelisteten Gehölzarten gibt es Sorten mit besonderen Wuchsformen.
   Suchen Sie mithilfe eines Pflanzenkatalogs aus der Liste der folgenden Gehölze Sorten mit besonderen Wuchsformen heraus. Finden Sie für jede Wuchsform nur jeweils **eine** Sorte pro Gehölzart heraus.
   Ergänzen Sie die deutschen Pflanzennamen (evtl. mithilfe des Internets).

- Prunus subhirtella
- Fagus sylvatica
- Ilex aquifolium
- Taxus baccata
- Thuja occidentalis
- Fraxinus excelsior
- Acer platanoides
- Robinia pseudoacacia
- Chamaecyparis lawsoniana
- Picea abies
- Betula pendula
- Juniperus communis
- Cedrus atlantica
- Catalpa bignonioides
- Populus nigra
- Pinus sylvestris
- Prunus fruticosa
- Salix alba
- Carpinus betulus

Beispiel: Prunus subhirtella → Prunus subhirtella ‘Pendula‘ – Hängeform

 **Wuchsform:** ________________	**Pflanzenbeispiele:** Prunus subhirtella ‘Pendula’ – Hängezierkirsche ________________ ________________ ________________ ________________ ________________ ________________

Wuchsform:	Pflanzenbeispiele:
Wuchsform:	Pflanzenbeispiele:
Wuchsform:	Pflanzenbeispiele:

Hecken

Hecken dienen den Menschen als Abgrenzung von Gärten und Grundstücken und ebenso als Sicht- und Windschutz. Vielen Tieren bieten Hecken Unterschlupf, Nistmöglichkeit und Nahrung.

1. Suchen Sie für die erste Liste auf der rechten Seite Laubgehölze heraus, die sich als **Heckenpflanzen** eignen. Geben Sie den botanischen Namen an und beschreiben Sie in Kurzform die Blüte (Farbe, Form, Blütezeit). Kreuzen Sie an, ob die Pflanze Dornen hat und sich für eine geschnittene Hecke oder/und für eine frei wachsende Hecke eignet.
2. Suchen Sie für die zweite Liste Nadelgehölze heraus, die sich als **Heckenpflanzen** eignen. Kreuzen Sie an, ob die Pflanze giftig ist und für Standortbedingungen Sonne / Halbschatten / Schatten diese Hecke geeignet ist.

~~Kornelkirsche~~	Eingriffliger Weißdorn	Hunds-Rose
Zwerg-Astilbe	Abendländischer Lebensbaum	Sanddorn
Stechpalme	Pampasgras	Gewöhnlicher Buchsbaum
Eibe	Bergenie	Schwarzer Holunder
Riesen-Steinbrech	Feldahorn	Tränen-Kiefer
Lampenputzergras	Kanadische Hemlocktanne	Europäische Lärche
Bärenfell-Schwingel	Gewöhnliche Heckenberberbitze	Scheinzypresse
Kirschlorbeer	Dreiblättrige Waldsteinie	Gewöhnlicher Liguster

3. Aus ökologischen Gründen sollte man einheimische Gehölze für die Heckenpflanzung wählen. Unter heimischen Gehölzen versteht man Pflanzen, die ihren Ursprung in Deutschland oder Mitteleuropa haben. Erklären Sie, warum man als Vogelschutzhecke heimische Pflanzen aussuchen sollte.

4. Nachdem Sie die Listen auf der rechten Seite erstellt haben, suchen Sie die heimischen Gehölze für eine ökologische Bepflanzung heraus:

Laubgehölze für Hecken				
Botanischer Name	**Blüte**	**Dornen**	**Pflanze für geschnittene Hecke**	**Pflanze für frei wachsende Hecke**
Cornus mas	gelbe, kugelige Dolden, III-IV		X	X

Nadelgehölze für Hecken				
Botanischer Name	giftig	○	◑	●

Fassadenbegrünung

Die Fassadenbegrünung ist nicht eine Erfindung unserer Tage, vielmehr erlebt sie eine mächtige Wiederauferstehung.

Jede Zeit hat ihren Baustil und auch ihre Besonderheiten in der Gartengestaltung. Nach dem letzten Krieg trat die Hausbegrünung in den Hintergrund. Stattdessen waren Prachtbauten aus Beton, Stahl und Glas die Zeichen des Wiederaufbaus. Im Zuge eines wachsenden Umweltbewusstseins wurde das Fassadengrün wieder entdeckt.

Viele Kritiker befürchten, dass die Wurzeln der Kletterpflanzen das Mauerwerk zerstören könnten.

Zum größten Teil sind diese Sorgen unbegründet, denn Pflanzen wurzeln im Boden, nicht im Mauerwerk. Einige selbstklimmende Pflanzen verfügen über Haftwurzeln – wie z. B. *Hedera helix* – oder Haftscheiben – z. B. *Hydrangea anomala ssp. petiolaris* und *Parthenocissus quinquefolia* –, mit denen sie sich an der Fassade halten. Diese Haftorgane können das Mauerwerk schädigen, wenn es rissig oder baufällig ist. Weitere Oberflächen und Bausubstanzen, die für die Fassadenbegrünung mit selbstklimmenden Pflanzen nicht zu empfehlen sind: Fachwerkhäuser und Holzoberflächen, vorgehängte Wände, sanierte Putze mit nur dünnem Oberputz, Wände mit kunststoffhaltigen Wandanstrichen, Kunstharzputze.

Außerdem wird vielfach behauptet, dass Pflanzen Wasser ansaugen und dadurch feuchte Wände verursachen könnten. Das Wasser, das die Kletterpflanzen über den Boden aufnehmen, geben sie nicht über Haftorgane in das Mauerwerk ab, sondern sie verdunsten das Wasser über ihre Blätter. Sie entnehmen das Wasser aus dem Boden und geben es an die Luft ab, sodass nicht nur das Klima verbessert wird, sondern auch die Fundamente der Bauwerke trocken gehalten werden.

Eine begrünte Wand schützt das Mauerwerk vor starker Sonneneinstrahlung, vor Wind, Regen, Hagel und Frost. Die Blätter bilden eine Art Isolierschicht, sodass starke Temperaturschwankungen verhindert werden. Dadurch kommt es zu weniger Spannungen im Mauerwerk. Risse werden so verhindert.

Neben Selbstklimmern gibt es Kletterpflanzen, die ein Gerüst zum Klettern benötigen. Die Kletterhilfen müssen stabil sein, um die auftretende Last, z. B. das Gewicht der tropfnassen oder mit Schnee bedeckten Pflanzen, tragen zu können. Es gibt unterschiedliche Arten von Kletterhilfen. Je nach der Klettertechnik der Pflanze wird eine andere Kletterhilfe benötigt.

Manche der Gerüstkletterpflanzen werden Schlinger oder auch Winder genannt. Dies sind Pflanzen, die sich mit ihrer Sprossachse um eine Kletterhilfe herumschlingen oder herumwinden, z. B. *Humulus lupulus, Wisteria sinensis, Lonicera caprifolium, Lonicera henryi* und *Fallopia aubertii*. Diesen Schlingern/Windern kann man das Klettern mit Stützen, Spanndrähten, Seilen und Drähten ermöglichen.

Andere Kletterpflanzen bilden Blätter oder Teile von Blättern zu Ranken aus. So bilden z. B. *Clematis montana 'Rubens'* und *Clematis-Hybriden* diese fadenförmigen Gebilde aus, mit denen diese Pflanzen Gegenstände umranken und sich so festhalten können. Ranker benötigen Gitter-Kletterhilfen.

Eine weitere Gruppe von Kletterpflanzen nennt man Spreizklimmer. Sie klettern z. B. mithilfe von Stacheln, z. B. *Rubus fruticosus, Rosa multiflora*. Für Spreizklimmer eigenen sich ebenfalls Gitter-Kletterhilfen.

1. Ordnen Sie die im Text erwähnten Kletterpflanzen in die Übersicht ein. Ergänzen Sie die deutschen Pflanzennamen.

- **Kletterpflanzen**
  - Selbstklimmer
    - Haftwurzelkletterer
    - Haftscheibenkletterer
  - Gerüstkletterpflanzen
    - Blattranker
    - Winder/Schlinger
    - Spreizklimmer

Nachdem Sie sich den Informationstext zur Fassadenbegrünung aufmerksam durchgelesen haben, lösen Sie bitte – möglichst ohne auf die linke Seite zu schauen – die folgenden Aufgaben.

2. Zählen Sie die im Text aufgeführten Vorteile der Fassadenbegrünung auf.
   -
   -
   -
   -

3. Welche Fassaden sollten aus Sicherheitsgründen nicht begrünt werden?

4. Erklären Sie, warum die Befürchtung nicht zutrifft, dass Kletterpflanzen feuchte Wände verursachen.

5. Kletterpflanzen kann man in Selbstklimmer und Gerüstkletterpflanzen einteilen. Erklären Sie den Unterschied.

6. Welche Kletterhilfen für Gerüstkletterpflanzen werden im Text erwähnt?

Bepflanzen eines Kinderspielplatzes

Ihre Firma hat den Auftrag erhalten, einen neuen Kinderspielplatz zu bepflanzen. Ein Kollege schlägt einige Baum- und Straucharten zur Anpflanzung vor.

1. Ergänzen Sie die Pflanzennamen in der Liste. Nehmen Sie einen Pflanzenkatalog zur Hilfe.

2. Begründen Sie, warum Sie die vorgeschlagenen Pflanzen für geeignet oder ungeeignet halten.

Gattung	Art	Deutscher Name	Warum geeignet oder ungeeignet für einen Spielplatz?
Taxus	baccata	Gemeine Eibe	Ungeeignet, weil der Samenkern der roten Beeren stark giftig ist (Blausäure)
Laburnum			
Fagus			
Ilex			
Ligustrum			
Daphne			
Acer			
Thuja			
Pyracantha			

Da auf dem neu gestalteten Kinderspielplatz bislang noch keine Bäume stehen, ist es dem Auftraggeber wichtig, möglichst auch schnell wachsende Bäume anzupflanzen, die den Kindern als Schattenspender dienen.

3. Suchen Sie aus einem Pflanzenkatalog Beispiele für schnell wachsende Bäume heraus und tragen Sie diese in die Tabelle ein.

Gattung	Art / Sorte	deutscher Name

Als äußere Abgrenzung zur Straße soll um den Kinderspielplatz eine Hecke als Sicht- und Schallschutz anlegt werden.

4. Suchen Sie aus einem Pflanzenkatalog Beispiele für hoch wachsende Pflanzen heraus, die sich zur Heckengestaltung eignen und tragen Sie diese in die Tabelle ein.

Gattung	Art / Sorte	deutscher Name

Herbarium

Sie wollen für Ihr Herbarium eine Pflanzenbeschreibung der Tulpenmagnolie erstellen. In einem Fachbuch finden Sie folgende ausführliche Beschreibung:

Die Tulpenmagnolie ist eine Kreuzung *aus Magnolia denudata* und *Magnolia liliflora* und wurde von Herrn SOULANGE-BODIN gezüchtet. 1826 blühte die erste Tulpenmagnolie (*Magnolia x soulangeana*) in der Nähe von Paris. Die Magnolien gehören zu den Magnoliengewächsen (*Magnoliaceae*). Dies ist eine uralte Pflanzenfamilie, die es schon vor über 100 Millionen Jahren gab und zu der z. B. auch der Tulpenbaum (*Liriodendron tulipifera*) gehört.
Sehr auffällig sind die tulpenähnlichen, weißlich-rosa Blüten, die außen leicht rötlich gestreift sind. Die Blüten werden bis zu 10 cm groß und erscheinen vor dem Laubaustrieb im April bis Mai in großer Fülle. Die Tulpenmagnolie bildet nach dem Verblühen rote, zapfenartige Früchte.
Die Tulpenmagnolie ist ein Ziergehölz, welches in Garten- und Parkanlagen meist in Einzelstellung Verwendung findet. Für die Tierwelt hat die Tulpenmagnolie keine Bedeutung.
Magnolia x soulangeana liebt sonnige Standorte und nahrhaften, sauren Boden. Ist der Boden zu kalkhaltig, werden die Blätter der Magnolie gelb. Wegen der frühen Blütezeit sollten Tulpenmagnolien vor Spätfrost geschützt stehen.
Tulpenmagnolien wachsen langsam und werden 4 bis 8 m hoch. Man findet sie als kleinen, kurzstämmigen Baum oder auch als Großstrauch. Ältere Tulpenmagnolien haben Hauptäste, die sich oft malerisch bis zum Boden senken.
Magnolia x soulangeana hat sommergrüne, große Blätter. Die Blattstellung ist wechselständig. Die Blattform ist verkehrt eiförmig, manchmal auch breit-elliptisch. Der Blattrand ist glatt.
Die Wurzeln sind kräftig und fleischig. Der Wurzelbereich sollte gegen Austrocknen mit einer Mulchschicht geschützt werden. Da die Tulpenmagnolie ein Flachwurzler ist, sollte niemals zu nah am Stamm gegraben werden, damit die Wurzeln nicht verletzt werden.

1. Kleben Sie die Abbildungen aus Firmenkatalogen oder Werbeprospekten von Magnolia x soulangeana zur Pflanzenbeschreibung auf die nächste Seite. Suchen Sie nach Abbildungen der gesamten Pflanze, des Blattes und der Blüte.

2. Finden Sie die wichtigsten Erkennungsmerkmale aus dem Text heraus und tragen Sie diese stichwortartig unter die Fotos ein.
   Gehen Sie dabei auf Blattstellung, Blattform und Blattrand ein.
   Verwenden Sie die gelernten botanischen Zeichen z. B. für Baum, Strauch, Staude, Kletterpflanze … oder die bevorzugten Lichtverhältnisse. Geben Sie auch die Blütezeiten in römischen Ziffern an.

3. Warum ist es zum Erkennen einer Pflanze anhand einer Pflanzenbeschreibung nicht unbedingt hilfreich, wenn die Größe der Pflanze angegeben wird?

Pflanzenbeschreibung

Botanischer Name: ____________________

Deutscher Name: ____________________

Familienname: ____________________

Foto der gesamten Pflanze	Foto des Blattes	Foto der Blüte

Beschreibung:

Wucs: ____________________

Blätter: ____________________

Blüten: ____________________

Früchte: ____________________

Standort: ____________________

Verwendung: ____________________

Wiederholung – Pflanzenbau und Pflanzenkenntnisse

Kreuzen Sie die richtigen Antworten an (Mehrfachnennungen sind möglich):

1	Der botanische Name besteht aus:	**2**	Welches der folgenden Merkmale trifft auf **einkeimblättrige** Pflanzen zu?
	A Familie, Gattung		A Blätter sind paralleladrig
	B Gattung, Art		B Blätter sind netzadrig
	C Gattung, Sorte		C Blätter sind gegenständig
	D Familie, Sorte		
3	Welches der folgenden Merkmale trifft auf **zweikeimblättrige** Pflanzen zu?	**4**	Welches der folgenden Merkmale trifft auf **einkeimblättrige** Pflanzen zu?
	A Blätter sind paralleladrig		A Haupt- und Nebenwurzeln
	B Blätter sind netzadrig		B Büschelwurzeln
	C Blätter sind gegenständig		C Pfahlwurzel
5	Welche der folgenden Merkmale treffen auf **zweikeimblättrige** Pflanzen zu?	**6**	Was ist keine Beschreibung einer Blattstellung?
	A Haupt- und Nebenwurzeln		A gegenständig
	B Büschelwurzeln		B wechselständig
	C Pfahlwurzel		C gelappt
			D kreuzgegenständig
7	Welche Blattformen beschreiben zusammengesetzte Blätter?	**8**	Welcher Begriff beschreibt keinen Blattrand?
	A paarig gefiedert		A gekerbt
	B herzförmig		B glattrandig
	C gefingert		C gegenständig
	D unpaarig gefiedert		D gesägt
9	Welcher der Namen bezeichnet Familiennamen von Pflanzen?	**10**	Welche Aussagen sind falsch?
	A Betula		A Efeu klettert mit Haftwurzeln.
	B Fagaceae		B Efeu klettert nur an Gerüsten.
	C Rosa		C Efeu ist keine Kletterpflanze.
	D Aceraceae		D Efeu klettert mit Haftscheiben.
			E Efeu ist auch ein Bodendecker.
11	In welcher Reihe stehen nur Kletterpflanzen?	**12**	Welche Aussage ist richtig?
	A Wilder Wein, Liguster, Efeu		A Eine Staude ist eine immergrüne Pflanze.
	B Efeu, Echtes Geißblatt, Knöterich		B Eine Staude ist eine mehrjährige, krautige Pflanze.
	C Clematis, Efeu, Mahonie		C Eine Staude ist mehrjährig und verholzt.
	D Clematis, Kletterhortensie, Weide		D Eine Staude ist ein mehrjähriges, krautiges Gehölz.
	E Immergrünes Geißblatt, Blauregen, Robinie		
13	Welches sind die Kennzeichen eines Baumes?	**14**	Welche Aussagen stimmen?
	A Stamm und krautige Wurzeln		A Laubblätter sind immer grün.
	B krautiger Stamm und Pfahlwurzel		B Laubblätter locken Insekten an.
	C Stamm und Krone		C Laubblätter enthalten Blattgrün.
	D Stamm und Stängel		D Laubblätter sind Keimblätter.
	E Stamm, Schaft und Krone		E Laubblätter sind manchmal rot.

15 Eine zwittrige Blüte
- A hat einen männlichen und einen weiblichen Geschlechtsteil.
- B hat nur einen männlichen Geschlechtsteil.
- C hat nur einen weiblichen Geschlechtsteil.

16 Sprossdornen
- A findet man an Rosen.
- B speichern Nährstoffe und Wasser.
- C schützen vor Tierfraß.
- D findet man bei Robinie und Weißdorn.
- E sind Sprossmetamorphosen.

17 Welche Aussagen stimmen?
- A Bestäubung ist die Übertragung von Pollen auf die Narbe einer Blüte.
- B Befruchtung ist die Übertragung von Pollen auf die Narbe einer Blüte.
- C Bei der Befruchtung verschmilzt der Pollen mit der Eizelle.
- D Nur Insekten können den Pollen übertragen.

18 Einjährige Pflanzen
- A sind verholzt.
- B sind krautig.
- C blühen nicht.
- D sterben nach der Samenreife ab.
- E sind Stauden.
- F blühen ein Jahr nach der Keimung.
- G blühen nach ihrer Aussaat im Frühjahr desselben Jahres.

19 Welche Aussagen stimmen?
- A Aus dem Fruchtknoten einer Blüte entsteht die Frucht.
- B Pflanzen bilden Früchte, weil sie dekorativ sind.
- C Ein Samen besteht aus Samenschale, Nährgewebe und dem Embryo.

20 Was passiert bei der Fotosynthese?
- A Sauerstoff wird aufgenommen
- B Sauerstoff wird abgegeben
- C Traubenzucker wird aufgebaut
- D Nährsalze werden gebildet
- E Kohlendioxid wird aufgenommen

21 Welche Aussagen stimmen?
- A Über die Wurzelhaare der Wurzeln nimmt die Pflanze Wasser auf.
- B Über die Wurzelhaare der Wurzeln gibt die Pflanze Nitrat ab.
- C Über die Wurzelhaare der Wurzeln nimmt die Pflanze gelöste Nährsalze auf.

22 Welche Aussage stimmt?
- A Pflanzen nehmen Wasser auf und geben es nicht wieder ab.
- B Pflanzen nehmen Wasser aus dem Boden auf und verdunsten es über die Blätter.
- C Pflanzen nehmen Wasser über die Blätter auf.

23 Welche Reihe enthält nur Pflanzennährstoffe?
- A Stickstoff, Kalium, Eisen, Blei, Kupfer, Quecksilber
- B Kupfer, Kalium, Zink, Phosphor, Calcium, Magnesium
- C Molybdän, Phosphor, Zink, Stickstoff, Chlorophyll

24 Welche Reihe enthält nur Laubgehölze?
- A Vinca minor, Prunus spinosa, Luzula sylvatica, Rosa rugosa
- B Quercus robur, Viburnum opulus, Mahonia aquifolium, Hedera helix
- C Larix decidua, Hosta sieboldii, Lonicera henryi

25 Welche Reihe enthält nur Nadelgehölze?
- A Pinus nigra, Cedrus atlantica, Taxus baccata, Urtica dioica
- B Larix decidua, Picea abies, Abies nordmanniana, Abies koreana
- C Tsuga canadensis, Picea omorika, Wisteria sinensis, Ginkgo biloba

26 Welche Reihe enthält nur Wildkräuter?
- A Urtica dioica, Kerria japonica, Stellaria media, Urtica urens
- B Galinsoga parviflora, Cirsium arvense, Senecio vulgaris, Aegopodium podagraria
- C Taraxacum officinale, Stellaria media, Lonicera pileata, Urtica urens

2 Landschaftsgärtnerische Arbeiten

Pflanzenlieferung

Am Freitagnachmittag erfolgt eine Pflanzenlieferung. Sie befinden sich zurzeit als Letzter auf der Baustelle und müssen die Lieferung annehmen.

Der Lieferant überreicht Ihnen folgenden Lieferschein:

Grünkontor

Am Beisenbusch 200 – 203
46282 Dorsten
Tel.: 02362/888777
Fax: 02362/888778

Firma
Euro-GALA
Postfach 10 20

45665 Recklinghausen

Lieferschein Nr. 120487 Datum: 17.02.12
Kunden-Nr. 4711
Versand: Anlieferung Baustelle Münsterstr. 13-15

Pos.	Menge	Bezeichnung:
1	12	Taxus baccata Sol, mB, 4 x v, 100 – 125 br, 125 – 150 h
2	15	Ligustrum ovalifolium He, 8 Tr, 60 – 100 h
3	10	Acer platanoides H, 3 x v, Sth 300, StU 14 – 16
4	10	Hydrangea aspera 'Macrophylla' Str, 2 x v, C, 30 – 40 h

Empfangsbestätigung:

....

1. Von Ihrem Vorarbeiter wissen Sie, dass der Lieferschein mit der Lieferung verglichen wird. Was genau müssen Sie überprüfen?

2. Was machen Sie, falls z. B. die Anzahl der gelieferten Hortensien nicht stimmt?

____

____

3. Wer muss den Empfang der Lieferung mit seiner Unterschrift bestätigen?

____

4. Auf dem Lieferschein stehen unter den Pflanzennamen verschiedene Abkürzungen. Fragen Sie in Ihrem Betrieb nach, was diese Kürzel bedeuten. Oder nehmen Sie ein Fachbuch zur Hilfe.

Taxus baccata: Sol, mB, 4 x v, 100 – 125 br, 125 – 150 h

Sol = __________ mB = __________ 4 x v = __________

100 – 125 br = __________ 125 – 150 h = __________

Ligustrum ovalifolium: He, 8 Tr, 60 – 100 h

He = __________ 8 Tr = __________ 60 – 100 h = __________

Acer platanoides: H, 3 x v, Sth 300, StU 14 – 16

H = __________ 3 x v = __________ Sth 300 = __________

StU 14 – 16 = __________

Hydrangea aspera 'Macrophylla': Str, 2 x v, C, 30 – 40 h

Str = __________ 2 x v = __________ C = __________

30 – 40 h = __________

5. Wie müssen Sie die gelieferten Pflanzen nach dem vorsichtigen Abladen weiterbehandeln, falls sie nicht sofort eingepflanzt werden können?

____

____

____

____

____

____

____

____

____

____

Pflanzen eines Baumes

1. Sie sollen einen Baum pflanzen. Bringen Sie die Tätigkeiten der Baumpflanzung in die richtige Reihenfolge und schreiben Sie diese in die Kästchen:
   Mulchen – Pflanzschnitt – Baumpfahl setzen – Wässern – Pflanzloch ausheben – Bodenverbesserung mit Kompost – Anbinden – Einsetzen des Baumes

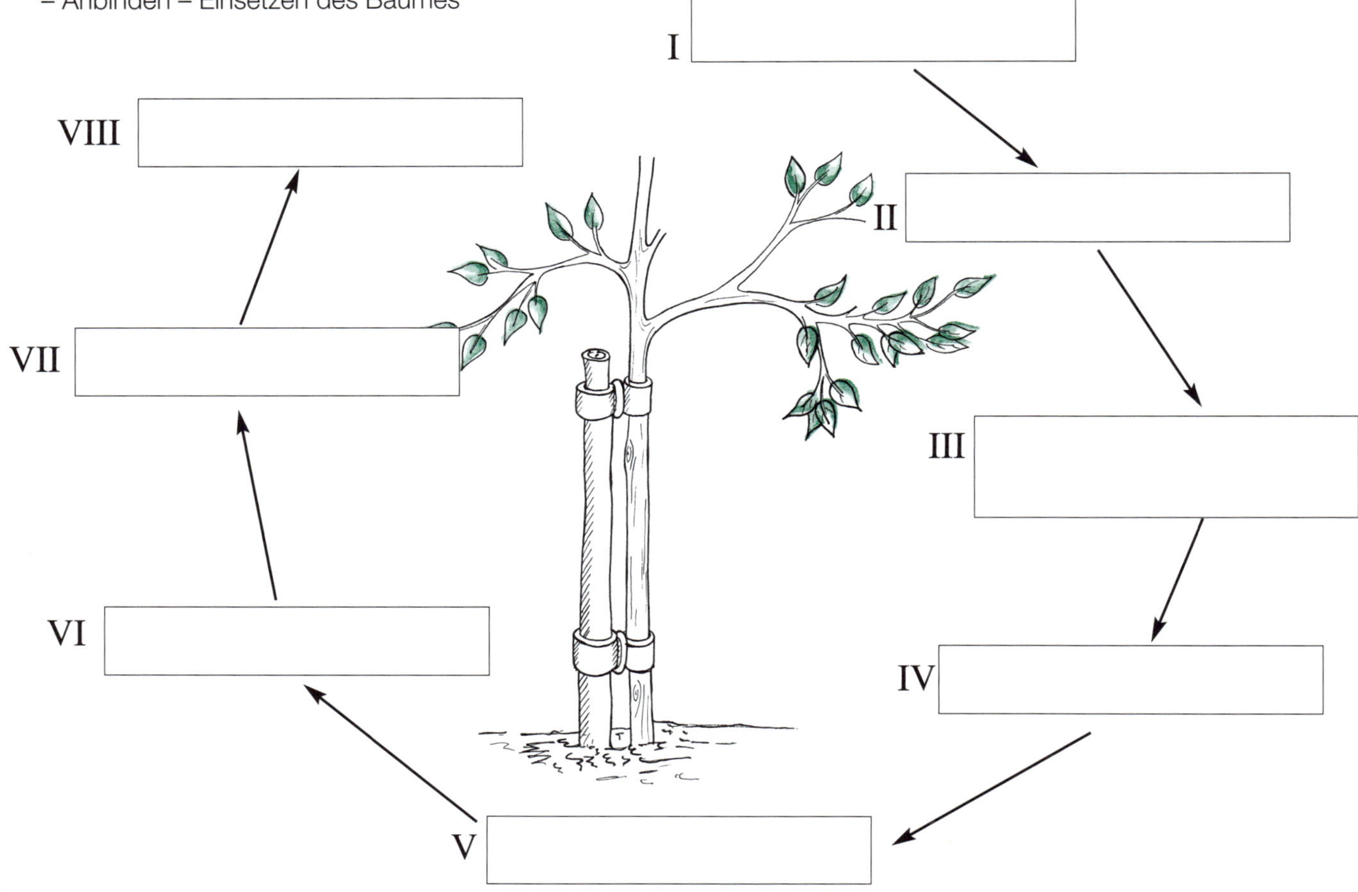

2. Überlegen Sie, welche Arbeitsmittel und Materialien für das Pflanzen des Baumes benötigt werden.

3. Wie groß muss das Pflanzloch sein?

4. Erklären Sie, wie der Pflanzschnitt durchgeführt wird.

5. Erklären Sie die Funktion eines Baumpfahles.

6. Erkundigen Sie sich, worauf beim Setzen eines Senkrechtpfahls zu achten ist.

7. In welchen Fällen benutzt man einen Senkrechtpfahl oder einen Schrägpfahl?

Senkrecht- und Schrägpfahl

8. Nennen Sie Materialien, die sich zur Baumbindung eignen.

9. Was versteht man unter einer "Gießmulde"? Welche Funktion erfüllt die Gießmulde?

10. Viele der gepflanzten Gehölze sind durch Wild-, Weide- und Nagetiere gefährdet. Nennen Sie Möglichkeiten, diese Pflanzen vor Verbiss zu schützen.

Gehölzschnitt

Man unterscheidet bei Gehölzen verschiedene Schnittmaßnahmen.
Erkundigen Sie sich jeweils nach dem Zeitpunkt des Schnitts (Wann?).
Beschreiben Sie die Durchführung der Schnittmaßnahme (Wie?).
Erklären Sie Sinn und Zweck des Schnitts (Warum?).

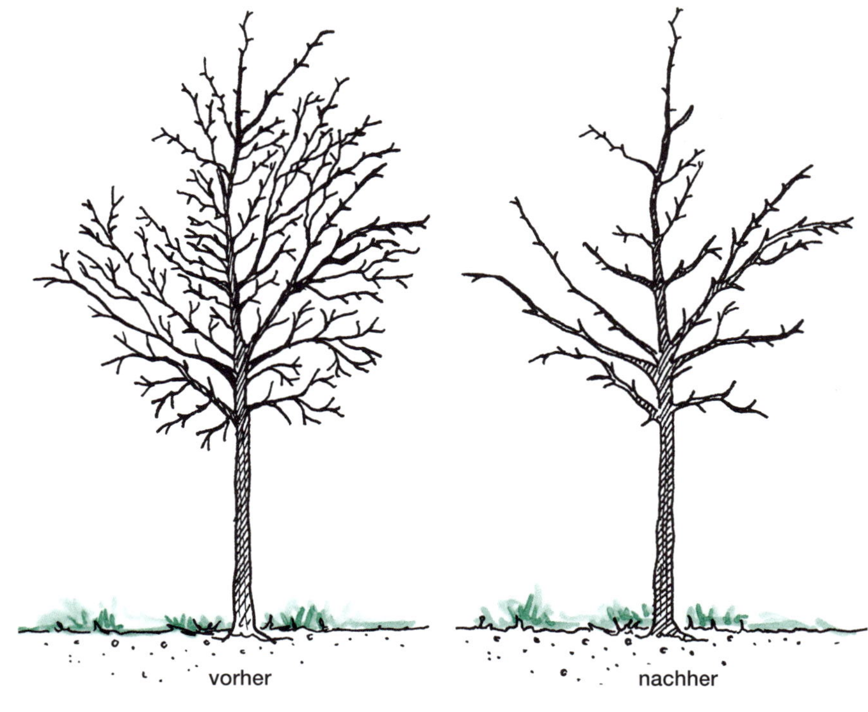

Pflanzschnitt/Auslichtungsschnitt beim Laubbaum

Pflanzschnitt

Wann? ______________________________

Wie? ______________________________

____

____

Warum? ______________________________

____

Aufbauschnitt/Erziehungsschnitt

Wann? ______________________________

Wie? ______________________________

____

Warum? ______________________________

Erhaltungsschnitt

Wann? ______________________________

Wie? ______________________________

____

Warum? ______________________________

Verjüngungsschnitt

Wann? ______________________________

____

Wie? ______________________________

Warum? ______________________________

Straßenbäume

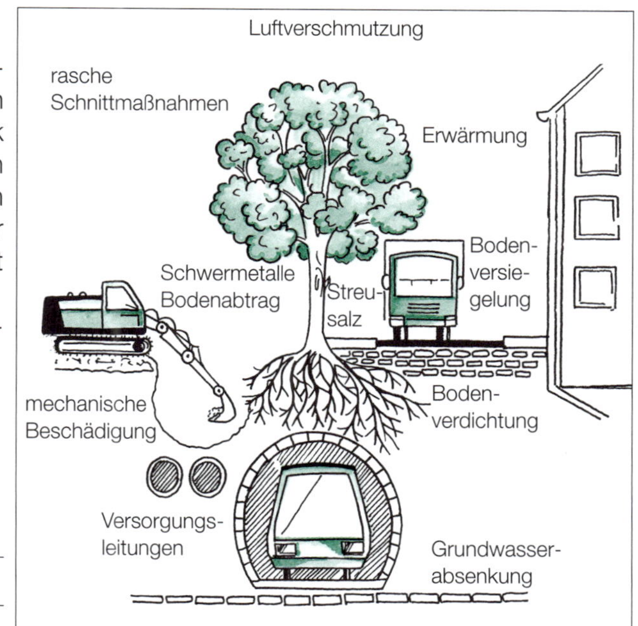

Bäume an verkehrsreichen Straßen haben oft ungünstige Lebensbedingungen. Deshalb haben Straßenbäume oft einen geringeren Stammdurchmesser als gleich alte Bäume, die z. B. in einem Park stehen. Bei genauem Hinsehen entdeckt man Verletzungen an der Rinde durch einparkende PKW. Man sieht bei Straßenbäumen häufig abgestorbene Äste und schon im Sommer verfärbte oder gar vertrocknete Blätter. Der Wurzelbereich des Straßenbaums ist meist deutlich kleiner als der Bereich der Krone.
Diese und weitere Ursachen führen dazu, dass die Straßenbäume oft kleiner sind, häufig erkranken oder auch absterben.

1. Erklären Sie, warum ein Baum Probleme bekommt, wenn der Wurzelbereich im Vergleich zum Kronenbereich zu gering entwickelt ist.

___

___

___

2. Was versteht man unter einer „Baumscheibe“?

___

3. In der Tabelle sind einige Ursachen für das Erkranken und Absterben von Straßenbäumen aufgeführt. Tragen Sie im Klassenverband mögliche Gegenmaßnahmen zusammen.

Ursachen	**Gegenmaßnahmen/Lösungen**
Streusalze	– Einschränkung der Streusalzmenge auf den Fahrbahnen – Höhersetzen der Bäume, damit ein Großteil des Spritzwassers abgehalten und das direkte Einfließen in den Boden verhindert wird
Mangel an Humus im Boden	
Mangel an Grundwasser	
Bodenverdichtung, daher Sauerstoffmangel	
Beschädigung der Wurzeln durch Verlegung von Rohren	
Rindenschäden	

Pflanzen einer Hecke

1. Um einen Garten sollen Sie zur Abgrenzung eine Hecke pflanzen. Bringen Sie die folgenden Arbeitsschritte in die richtige Reihenfolge:
   Wurzeln beschneiden und die Pflanzen vor dem Pflanzgraben gleichmäßig verteilen – Schnur spannen – Gießmulde erstellen – Rückschnitt durchführen – Pflanzgraben ausheben und den Unterboden lockern – Heckenpflanzen mit einer Hand in den Graben halten und die Wurzeln mit Boden bedecken – evtl. den Aushub mit Kompost verbessern – Graben zuschaufeln – angießen (einschlämmen) – Erde festtreten, dabei die Pflanzen gerade ausrichten

   1. ______
   2. ______
   3. ______
   4. ______
   5. ______
   6. ______
   7. ______
   8. ______
   9. ______
   10. ______

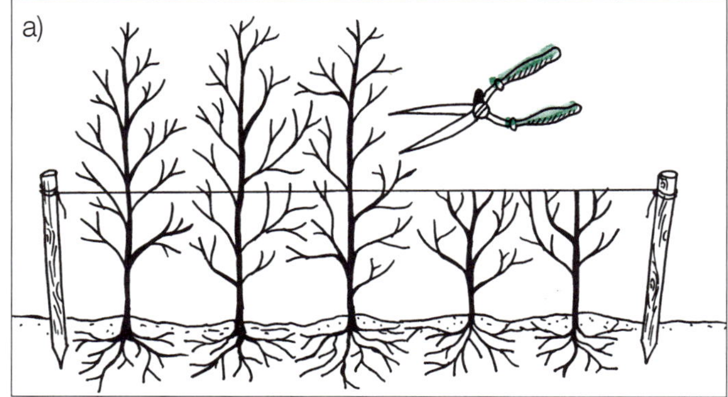

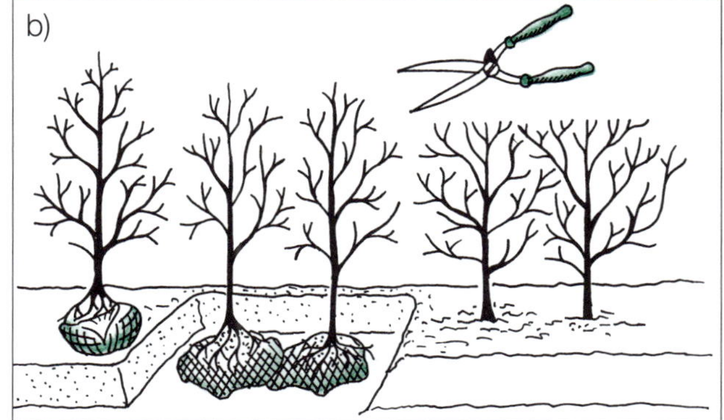

Heckenpflanzung: a) Pflanzen ohne Wurzelballen b) Pflanzen mit Wurzelballen

2. Sammeln Sie im Klassenverband Gründe, die für eine Heckenanpflanzung sprechen.

3. Erkundigen Sie sich, wann günstige Pflanzzeiten sind für

   a) Laub abwerfende Hecken,

   b) immergrüne Hecken.

4. Was versteht man unter einer Formhecke?

5. Erklären Sie die Begriffe immergrün, sommergrün und wintergrün.

6. a) Schreiben Sie unter die Zeichnungen, ob es sich um Stacheln oder Dornen handelt.

   b) Erklären Sie einem Kunden anhand der Zeichnung den Unterschied.

   c) Hat eine Rose Stacheln oder Dornen?

   d) Nennen Sie je zwei Pflanzenbeispiele mit Dornen und mit Stacheln.

7. Der Kunde wünscht sich eine dicht wachsende Formhecke. Er hat noch keine klaren Vorstellungen, ob es eine immergrüne oder sommergrüne Hecke sein soll.
Überlegen Sie, ob es sich bei den folgenden Pflanzen um immer-, sommer – oder wintergrüne Pflanzen handelt und ob die Heckenpflanzen Stacheln oder Dornen haben.

Botanischer Name	Deutscher Name	i = immergrün s = sommergrün w = wintergrün	Stacheln oder Dornen?
Berberis thunbergii			
Pyracantha coccinea			
Thuja occidentalis			
Carpinus betulus			
Ilex aquifolium			
Buxus sempervirens			
Ligustrum ovalifolium			
Fagus sylvatica			
Taxus baccata			
Crataegus monogyna			
Prunus laurocerasus			

8. Zählen Sie diejenigen Heckenpflanzen aus der Liste auf, die sich für
a) eine niedrige bis 1 m hohe Hecke eignen,

b) eine hohe über 2 m hohe Hecke eignen.
(Doppelnennungen sind möglich!)

9. In größeren Gärten und Parks findet man auch häufig frei wachsende Hecken. Der Platzbedarf einer frei wachsenden Hecke ist im Vergleich zur Formhecke größer. Dafür spart man bei einer frei wachsenden Hecke den regelmäßigen Formschnitt. Nur alle drei bis vier Jahre sollte ein Auslichtungsschnitt erfolgen.
Kreuzen Sie typische Pflanzenbeispiele für frei wachsende Hecken an.

	Potentilla fruticosa		Abies concolor		Deutzia gracilis
	Forsythia x intermedia		Liquidambar styraciflua		Rosa rugosa
	Pachysandra terminalis		Rosa canina		Festuca cinerea
	Sambucus nigra		Buddleja davidii		Corylus avellana
	Ginkgo biloba		Viburnum opulus		Cornus mas

Rosenpflanzung

Rosen sollten im Frühjahr, bevor sie austreiben (Mitte März bis Ende Mai) oder im Herbst (Mitte Oktober bis Mitte Dezember) auf frostfreiem Boden gepflanzt werden.

1. Benennen und erläutern Sie die einzelnen Arbeitsschritte der Rosenpflanzung neben den Abbildungen.

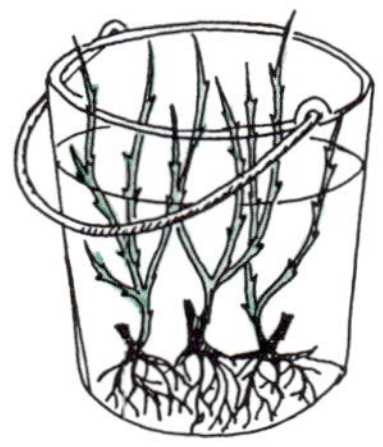	

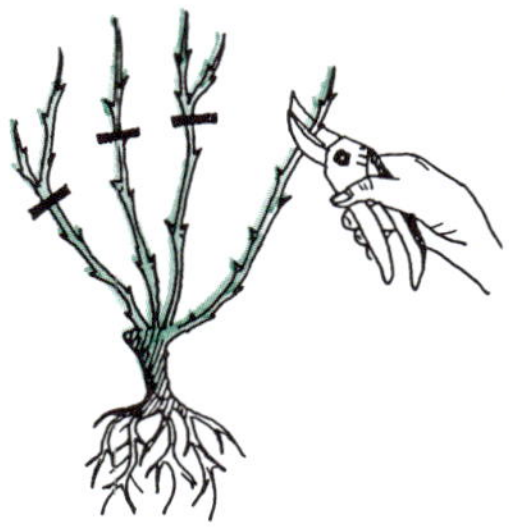	

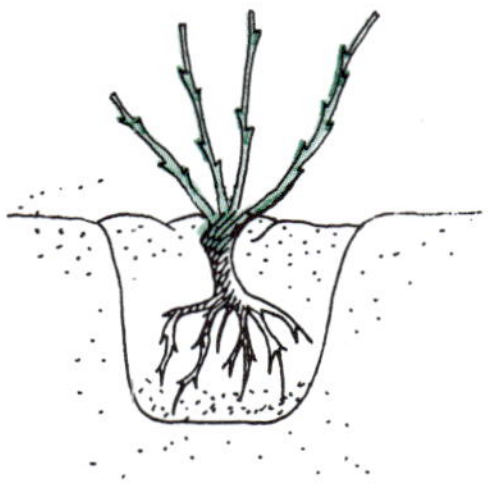	

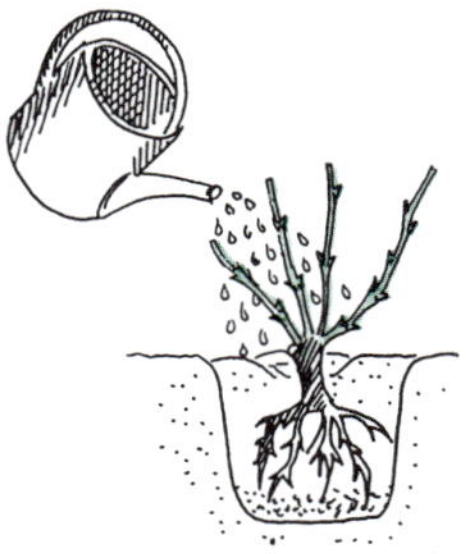	
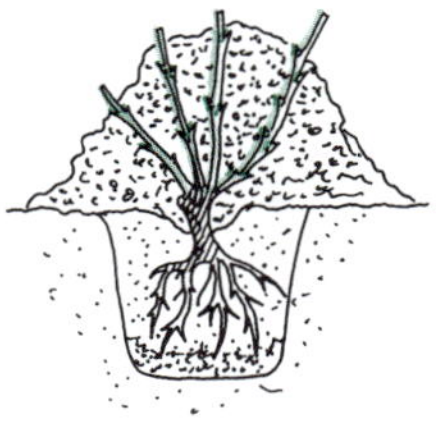	

2. Erläutern Sie die folgenden Pflegemaßnahmen:

- **Wässern:**

- **Düngen:**

- **Winterschutz:**

- **Frühjahrsschnitt bei Beet- und Edelrosen:**

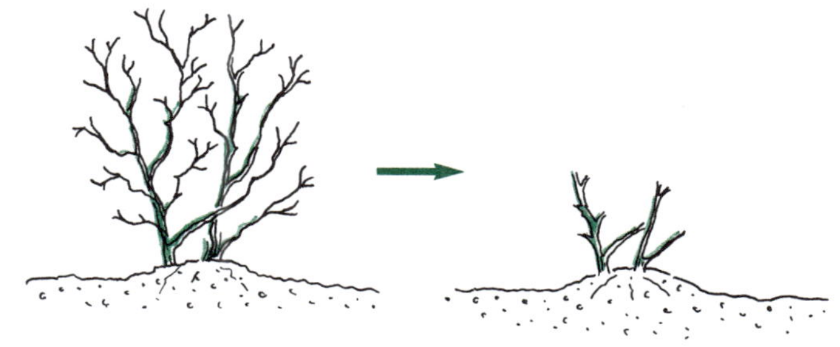

- **Frühjahrsschnitt bei Strauch- und Wildrosen:**

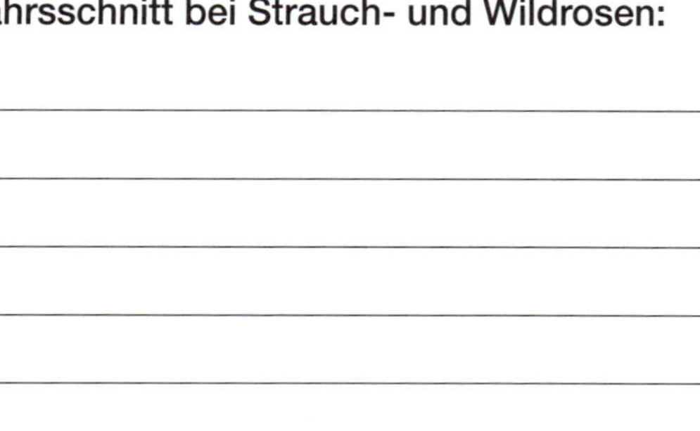

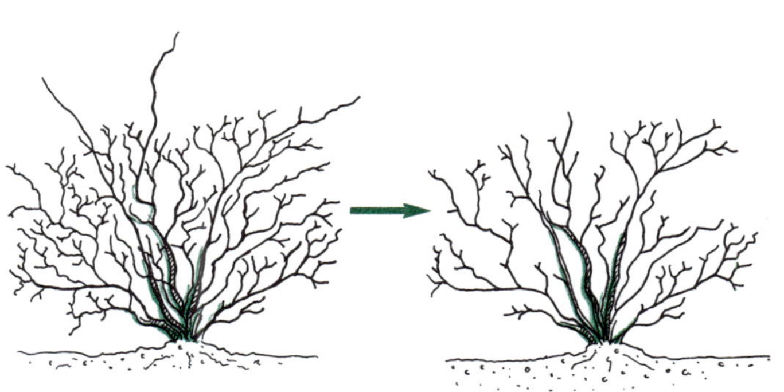

- **Frühjahrsschnitt bei Kletterrosen:**

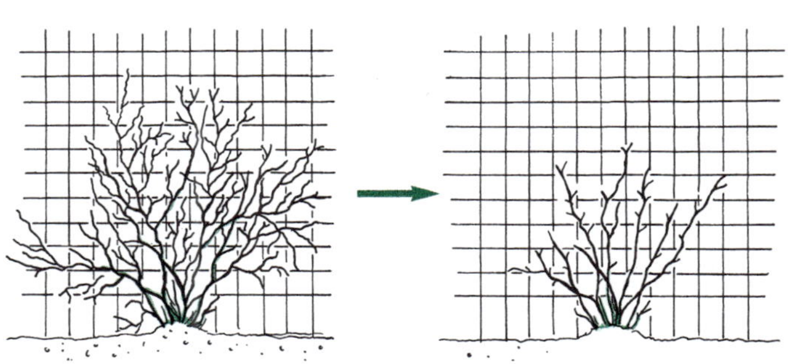

- **Sommerschnitt:**
  Wie unterscheidet sich der Sommerschnitt grundsätzlich vom Frühjahrsschnitt? Markieren Sie in der Zeichnung, wo Sie den Schnitt durchführen sollten und wo nicht?

Anlage einer Rasenfläche

In einem Neubaugebiet soll ein Zierrasen angelegt werden.

1. Bringen Sie den Arbeitsablauf in die richtige Reihenfolge und verwenden Sie die aufgeführten Stichwörter: Vorwalzen – Grobplanum – Einsaat – Abwalzen – Bodenlockerung/Fräsen – Feinplanum – Einharken – Steine und Fremdkörper entfernen.

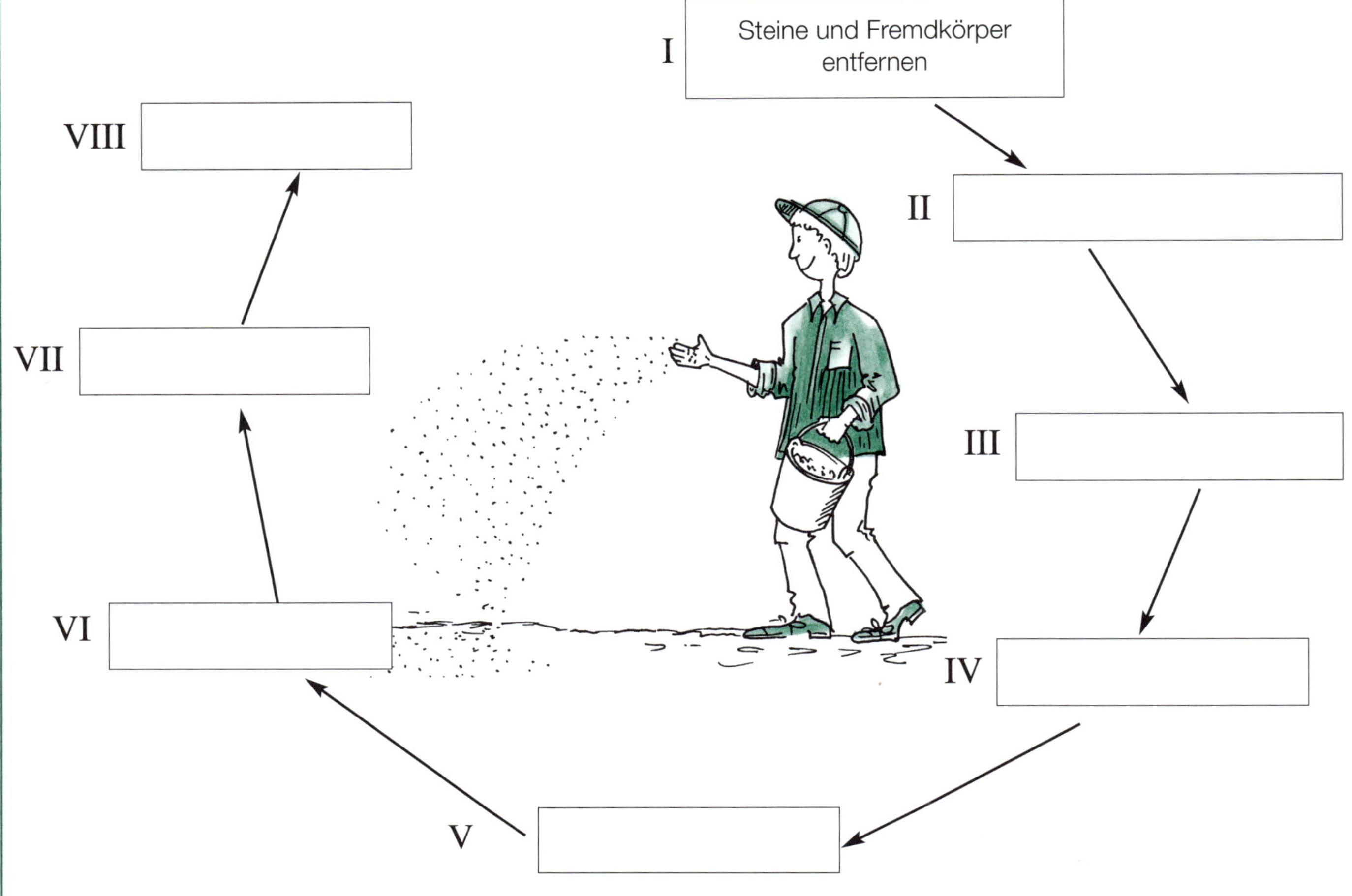

2. Erläutern Sie die einzelnen Arbeitsschritte, z. B.

I **Steine und Fremdkörper werden entfernt**, damit der Rasen gleichmäßig wächst. Beim späteren Rasenmähen sind Steine und Fremdkörper ebenfalls störend und können zu Unfällen führen.

II ______________________________

____

III ______________________________

____

IV ______________________________

____

V ______________________________

____

VI ______________________________

____

VII ______________________________

____

____

VIII ______________________________

____

3. Finden Sie heraus:
   a) In welchen Monaten sollte man den Rasen aussäen?

   ____

   b) Welche Bedingungen sind für die Keimung des Rasensamens günstig?

   ____

4. Listen Sie in der unten stehenden Tabelle die unterschiedlichen Eigenschaften der genannten Rasentypen auf.

5. Schreiben Sie in die Tabelle, welcher dieser Rasentypen sich für einen Vorgarten, einen Sportplatzrasen, für eine Liegewiese, für öffentliche Grünflächen und für Parkplätze eignet.

	Zierrasen	**Gebrauchsrasen**	**Strapazierrasen**
Eigenschaften:			
Eignung:			

Fertigrasen

Will man einen Rasen anlegen, so hat man die Wahl zwischen Aussaat und Fertigrasen. Neben einigen Nachteilen bietet das Verlegen eines Fertigrasens viele Vorteile.

1. Kreuzen Sie die richtigen Aussagen über Fertigrasen an.

	Durch eine Verlegung mit Fertigrasen wird eine sofortige Begrünung erreicht.
	Fertigrasen ist eine kostengünstige Möglichkeit, Rasen zu verlegen.
	Steilböschungen, Uferzonen und Deiche können mit Fertigrasen sofort vor Erosion geschützt werden.
	Mit Fertigrasen kann man kurzfristig einen Repräsentationszierrasen, z. B. für Ausstellungen, anlegen.
	Es kann Jahre dauern, bis ein Fertigrasen begehbar und strapazierfähig ist.
	Fertigrasen kann während des gesamten Jahres – außer bei Minustemperaturen – verlegt werden.
	Fertigrasen ist schon nach drei bis fünf Wochen benutzbar.
	Bei Transport und Lagerung des Fertigrasens muss nichts Besonderes beachtet werden.
	Das Anlegen eines Rasens mit Fertigrasen ist teurer als das Anlegen eines Rasens durch Aussaat.
	Muss der Fertigrasen für kurze Zeit gelagert werden, sollte der Rasen im Schatten aufbewahrt und feucht gehalten werden.
	Fertigrasen sollte so schnell wie möglich verlegt werden.
	Beim Transport muss der Fertigrasen vor Austrocknung und Überhitzung geschützt werden.
	Fertigrasen kann man nur für kleinere Gärten einsetzen.
	Fertigrasen sollte nicht länger als drei Tage im aufgerollten Zustand gelagert werden.
	Vor dem Verlegen des Fertigrasens wird die Fläche mit der Harke aufgeraut, sodass ein besserer Kontakt zwischen Boden und Rasensoden entsteht.
	Bei Böschungen mit steiler Neigung sind die Rasenstücke mit Holznägeln zu befestigen.
	Nach dem Verlegen sollten die Rasenstücke mit einem Harkenrücken festgedrückt werden, damit keine Lufteinschlüsse bleiben. Oder der Fertigrasen wird mit einer leichten Walze angedrückt.
	Fertigrasen muss nie gemäht werden.
	Der Fertigrasen muss nach dem Verlegen gründlich gewässert werden.
	Der Fertigrasen darf für kurze Zeit austrocknen, da er schon „fertig“ ist.
	Fertigrasen hat eine hellere Farbe als ein Rasen, der durch Aussaat angelegt wurde.
	Nach dem Verlegen wird auf die Rasenfläche ein Sand-Boden-Gemisch (1:1) aufgetragen und mit einem Besen gut eingearbeitet, sodass keine Spalten bleiben.
	Fertigrasen ist nur in quadratischen Stücken erhältlich.
	Fertigrasen eignet sich nicht für Sportplätze.
	Der Fertigrasen muss bei Trockenheit unbedingt gewässert werden, solange das Gras nicht gut verwurzelt ist.
	Im Herbst muss der Fertigrasen umgegraben werden, damit er im Frühjahr wieder wächst.

2. In den Aussagen von Seite 60 sind u. a. Vorteile und Nachteile des Fertigrasens enthalten. Ordnen Sie die richtigen Aussagen stichwortartig in die folgende Tabelle ein.

Vorteile des Fertigrasens	Nachteile des Fertigrasens

3. In den Zeichnungen sehen Sie die einzelnen Arbeitsschritte des Verlegens von Fertigrasen. Suchen Sie aus der Liste der vorherigen Seite die entsprechenden Aussagen zum Verlegen des Rollrasens heraus und beschreiben Sie in Stichworten die dargestellten Tätigkeiten.

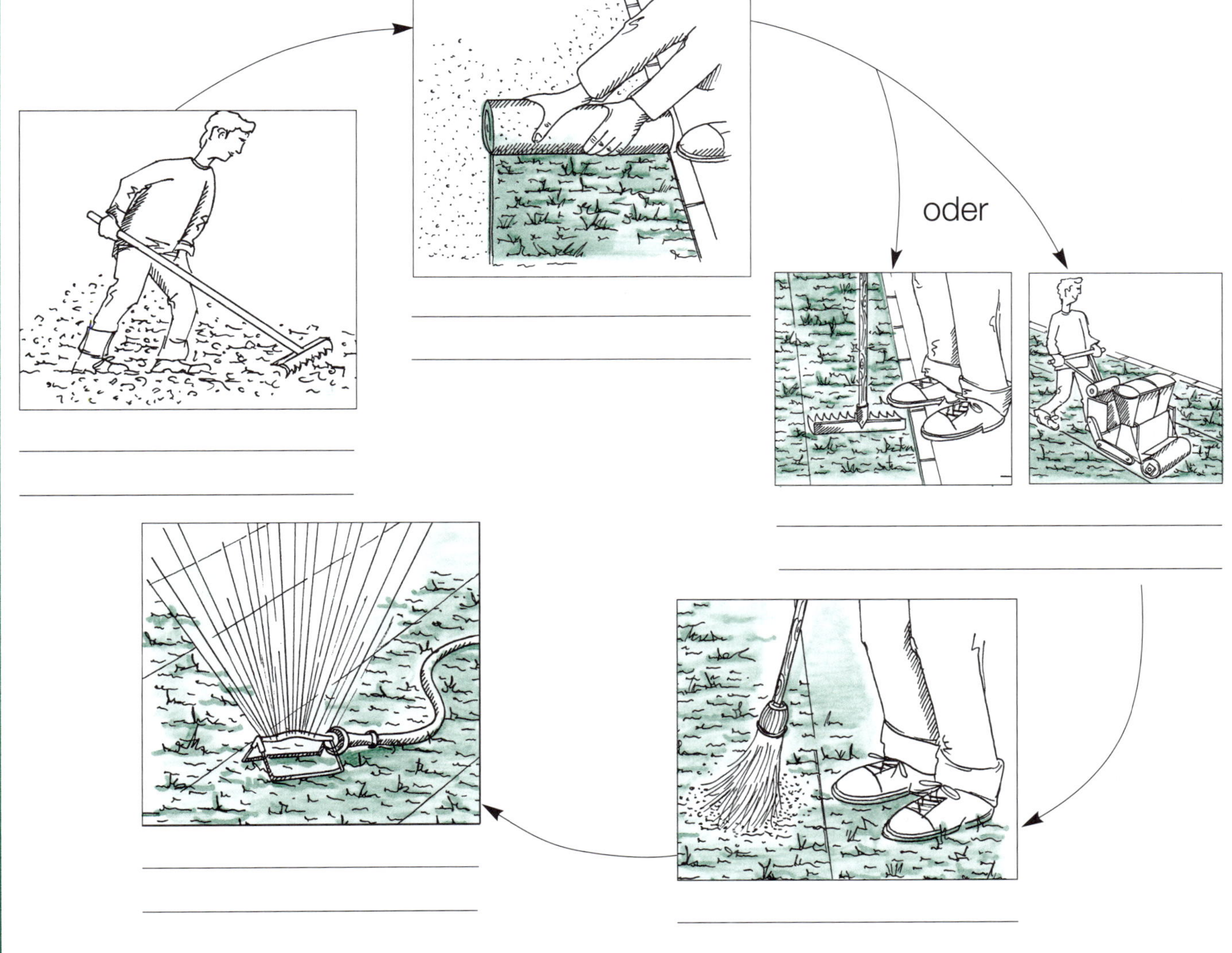

4. Warum wird ein Fertigrasen häufig auch als „Rollrasen" bezeichnet?

Rasenmäher

Warum wird gemäht?

1. Klären Sie zunächst die Frage, warum eine Rasenfläche überhaupt gemäht wird.

Womit wird gemäht?

Für die verschiedenen Einsatzgebiete gibt es unterschiedliche Rasenmäher. Die Zeichnungen auf der nächsten Seite zeigen sechs Rasenmähertypen, die häufig eingesetzt werden.

2. Schreiben Sie unter die Abbildungen auf der nächsten Seite die Bezeichnung des Rasenmähertyps.

3. Erkundigen Sie sich z. B. in Ihrem Ausbildungsbetrieb, auf welchen Grünflächen die einzelnen Rasenmäher eingesetzt werden, und tragen Sie Ihre Ergebnisse in die Spalte „Einsatz" ein.

4. Ordnen Sie die Beschreibungen der Rasenmäher bzw. deren Arbeitsweisen den richtigen Rasenmähertypen zu. Schreiben Sie die entsprechenden Buchstaben der Beschreibungen unter den richtigen Rasenmäher.

   a) An diesem Rasenmäher befinden sich an waagerechten Spindeln schräg angebrachte Messer. Diese Messer drehen sich gegen fest stehende Untermesser. Das Gras wird scherenartig abgeschnitten.
   b) Unter einer geschlossenen Haube befindet sich an einer senkrechten Achse ein waagerecht angebrachter Messerbalken, der sich mit hoher Geschwindigkeit um die Achse dreht. Das Gras wird wie mit einem Messer abgeschlagen (Schlagschnitt) und in einem Fangkorb aufgefangen.
   c) Dieser Rasenmäher hat winkel- oder Y-förmige Messer. Da diese Messer an einer waagerecht angebrachten Welle frei schwingen, können sie Steinen und anderen Fremdkörpern auf dem Rasen ausweichen. Der gemähte Rasen wird fein zerschlagen und bleibt auf der Rasenfläche liegen.
   d) Dieser Rasenmäher schneidet das Gras mit Messern, die sich hin- und herbewegen. Die Messer sind an einem waagerechten Balken angebracht. Der Rasen wird wie mit einer Schere abgeschnitten. Von diesem Rasenmähertyp gibt es verschiedene Mähwerke: Finger-Mähwerk und Doppelmesser-Mähwerk.
   e) An sich horizontal drehenden Scheiben/Kreisel sind Messer befestigt.
   f) Dieser Rasenmäher ist eine Art Sichelmäher, der das Gras jedoch nicht auffängt. Das geschnittene Gras wird zerkleinert und verbleibt auf der Rasenfläche.

5. Erklären Sie, worin der Vorteil liegt, wenn das fein geschnittene Gras auf der Rasenfläche verbleibt.

6. Wie oft soll gemäht werden?

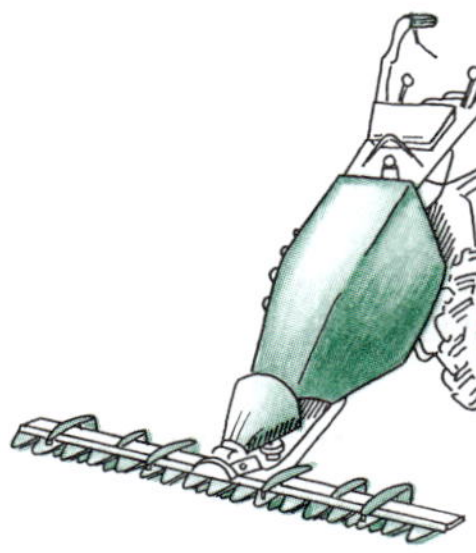

Einsatz:

Beschreibung:

Einsatz:

Beschreibung:

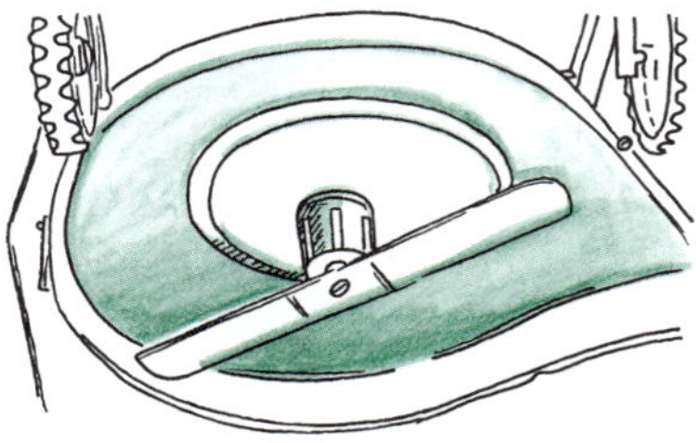

(Ansicht von unten)

Einsatz:

Beschreibung:

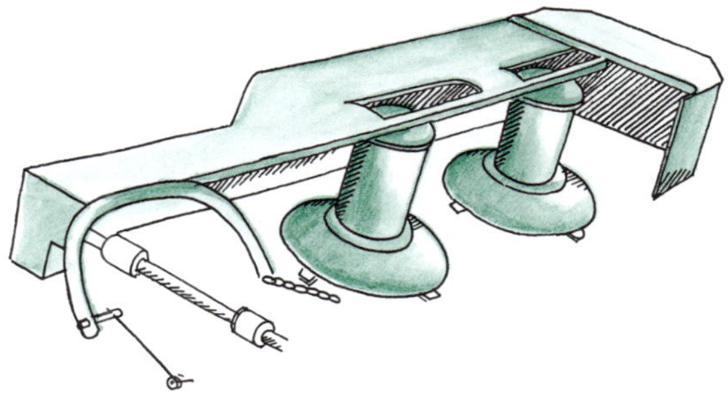

Einsatz:

Beschreibung:

(Ansicht von unten)

Einsatz:

Beschreibung:

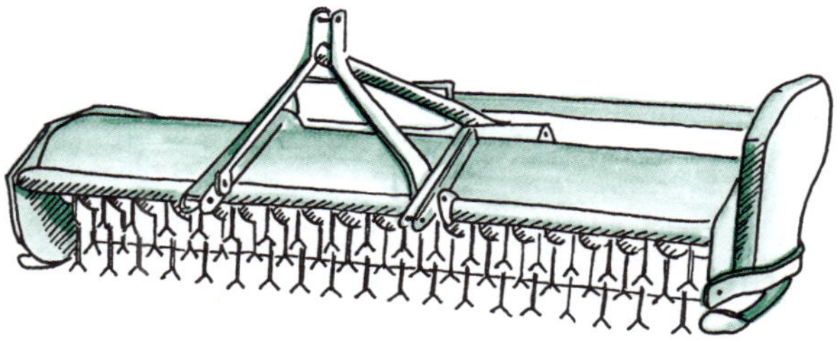

Einsatz:

Beschreibung:

Pflege des Rasens

Beschreiben Sie stichwortartig mögliche Folgen falscher Pflegemaßnahmen bzw. falscher Behandlung des Rasens. Wie kann man dem vorbeugen oder die Fehler korrigieren?

Falsche Behandlung / falsche Pflegemaßnahme	Folge	Richtige Behandlung
Der Rasensamen wird bei starkem Wind ausgesät.	Die Samenkörner verwehen, die Verteilung der Samenkörner ist ungleichmäßig, der Rasen wird Lücken haben.	Rasenaussaat bei Windstille
Rasenaussaat bei Sonne und hoher Temperatur.		
Der Rasensamen wird nach der Ausbringung nicht angedrückt bzw. flach eingearbeitet.		
Das erste Mähen nach der Aussaat wird mit einem Mäher, der stumpfe Messer hat, durchgeführt.		
Der Rasen wird mit einem schnell wirkenden Dünger zu stark gedüngt.		
Dem Rasen werden zu wenige Nährstoffe zugeführt – insbesondere Stickstoff fehlt.		
Der Dünger wird ungleichmäßig auf der Rasenfläche verteilt.		
Der Rasen wurde beim Mähen bei Trockenheit sehr tief geschnitten.		

Handgeräte für die Bodenbearbeitung

1. Benennen Sie die dargestellten Handgeräte zur Bodenbearbeitung.

2. Welche Arbeiten werden mit dem jeweiligen Gerät durchgeführt? Ordnen Sie den Abbildungen folgende Tätigkeiten zu (Mehrfachnennungen sind möglich):
   - Glattharken von Flächen
   - Einharken von Saatgut (z. B. Rasen)
   - Ausheben eines Pflanzlochs
   - Entfernen von Wildkraut
   - Wurzeln von Wildkraut lockern
   - Zusammenkehren von Laub und Gras
   - flaches Lockern des Bodens
   - Bodenlockerung
   - Zusammenharken von Wildkraut und Steinen
   - Umgraben

Symbol	Bedeutung
A Gerät: ____ Arbeiten: ____	B Gerät: ____ Arbeiten: ____
C Gerät: ____ Arbeiten: ____	D Gerät: ____ Arbeiten: ____
E Gerät: ____ Arbeiten: ____	F Gerät: ____ Arbeiten: ____

Bodenlockerungs- und Bodenverdichtungsmaschinen

Im Garten- und Landschaftsbau muss der eine Boden manchmal gefestigt und ein anderer Boden gelockert werden. Dafür stehen unterschiedliche Maschinen und Geräte zur Verfügung.

1. Tragen Sie in der Tabelle Gründe für die Bodenlockerung und Gründe für die Bodenverdichtung zusammen.

Gründe für die Bodenlockerung	Gründe für die Bodenverdichtung
______________________________	______________________________
______________________________	______________________________
______________________________	______________________________
______________________________	______________________________
______________________________	______________________________
______________________________	______________________________
______________________________	______________________________
______________________________	______________________________
______________________________	______________________________
______________________________	______________________________
______________________________	______________________________
______________________________	______________________________
______________________________	______________________________

Auf der nächsten Seite finden Sie Abbildungen von Bodenlockerungs- und Bodenverdichtungsgeräten.

2. Schreiben Sie unter die Zeichnungen den Namen des Gerätes mithilfe des Silbenrätsels:
Glatt – Spa – eg – rad – ze – ha – tel – ber – tor – sel – Frä – Rüt – tel – ten – eg – cke – ne – se – stamp – fer – ge – Grub – Rüt – ma – Rüt – Krei – tel – ge – plat – Mo – te – schi – wal

3. Schreiben Sie unter die Maschinennamen, ob es sich um ein Bodenlockerungs- oder ein Bodenverdichtungsgerät handelt.

4. Ordnen Sie folgende Aussagen den richtigen Maschinen auf der nächsten Seite zu. Schreiben Sie die Buchstaben der entsprechenden Aussage in das letzte Kästchen unter der Zeichnung.
   a) An einer Achse befinden sich Kreisel mit zwei bis vier Zinken. Die Kreisel drehen sich und die Zinken krümeln, mischen und ebnen den Boden.
   b) Diese Maschine besteht aus einem Rahmen, an dem Grubberzinken angebracht sind. Sie lockern und krümeln den Boden.
   c) Mit dieser Maschine kann in einem Arbeitsgang ein Saat- oder Pflanzbeet hergerichtet werden. Die Maschine schneidet mit sich drehenden Messern einen „Bissen" nach dem anderen aus dem Boden und wirft diese nach hinten gegen ein Prallblech.
   d) Dieses Gerät verdichtet den Boden durch seine stampfende Kraft.
   e) Diese Maschine besteht aus einem Stahlzylinder, der mit Sand oder Wasser gefüllt wird. Damit werden die Klumpen der Bodenoberfläche zerschlagen. Die Oberfläche wird geglättet.
   f) Der Boden wird durch eine vibrierende Bewegung verdichtet. Dieses Gerät wird auch zum Abrütteln von Pflasterungen eingesetzt.
   g) Die Zinken befinden sich an Balken, die hin- und herbewegt werden. Der Boden wird gekrümelt, gemischt und geebnet.
   h) Mit den spatenartigen Werkzeugen werden Blöcke aus dem Boden herausgeschnitten, gewendet und wieder abgelegt.
   i) Diese Maschine wird für Pflegearbeiten in Kulturen und zur flachen Bodenbearbeitung sowie zur Unkrautvernichtung/Wildkrautvernichtung eingesetzt. Sie arbeitet ähnlich wie eine Fräse.

Kreiselegge

Bodenlockerungsgerät

Beschreibung: a

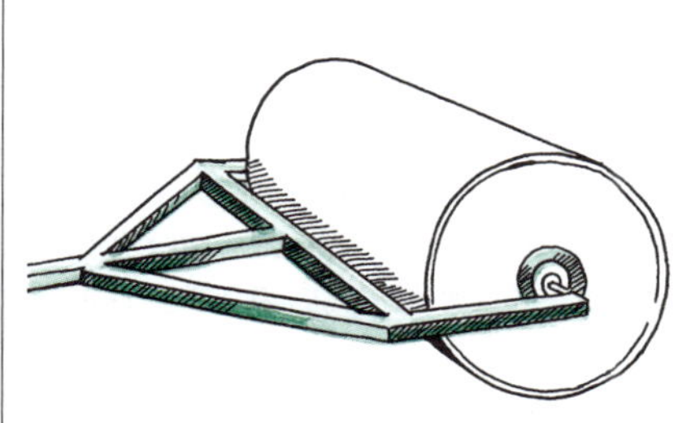

Beschreibung:

Beschreibung:

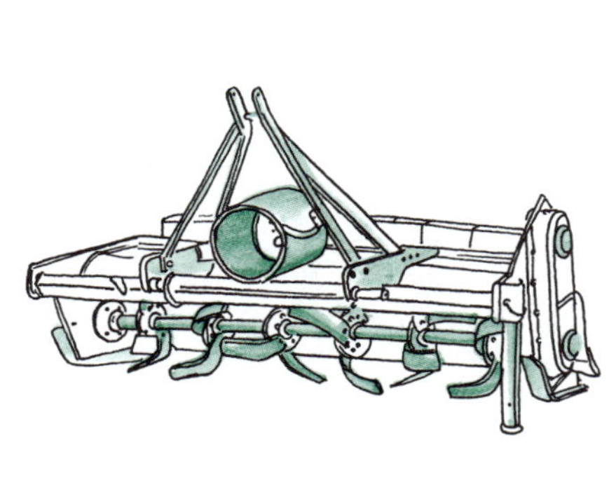

Beschreibung:

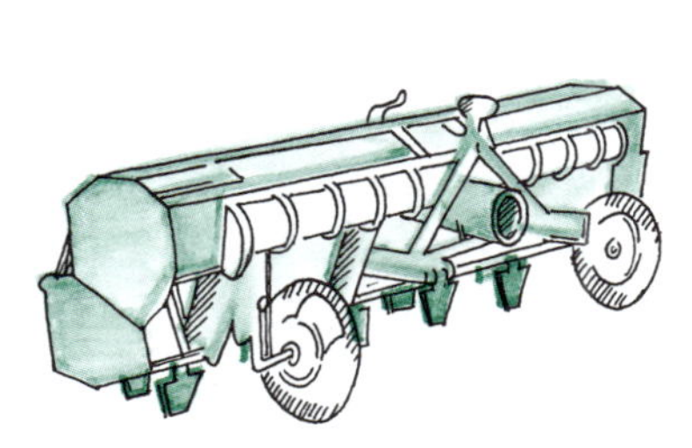

Beschreibung:

Beschreibung:

Beschreibung:

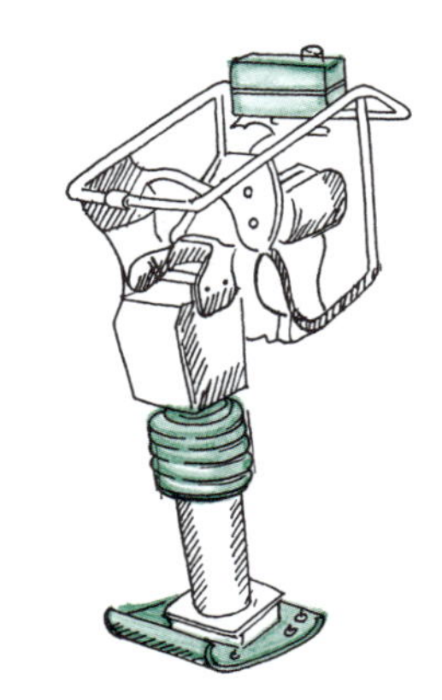

Beschreibung:

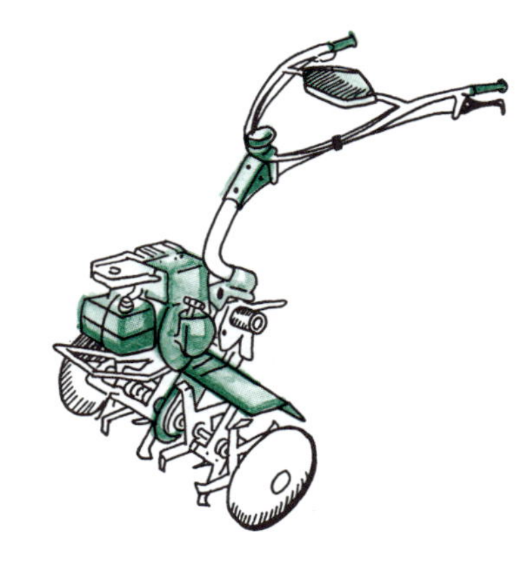

Beschreibung:

Erdbaumaschinen

1. Wie bezeichnet man die vier abgebildeten Erdbaumaschinen? Schreiben Sie unter die Zeichnungen den richtigen Begriff.

2. Ordnen Sie folgende Aussagen den richtigen Maschinen zu. Schreiben Sie die entsprechenden Buchstaben der Aussagen unter die Bezeichnung der Erdbaumaschinen (Mehrfachnennungen sind möglich):
   a) Mit dieser Maschine kann planiert, jedoch keine Erde geladen werden.
   b) Diese Maschine dient genau wie ein Radlader zum Laden, Abräumen, Planieren und zum Transportieren schwerer Gegenstände.
   c) Diese Maschine hat luftgefüllte Reifen. Man kann mit dieser Erdbaumaschine laden, transportieren, abräumen und grob planieren.
   d) Man setzt diese Maschine zum flachen Abtragen und Verteilen des Bodens ein.
   e) Mit dieser Maschine kann man Gräben ziehen und auskoffern.
   f) Diese Maschine muss für größere Entfernungen zur Baustelle mit einem Tieflader transportiert werden.

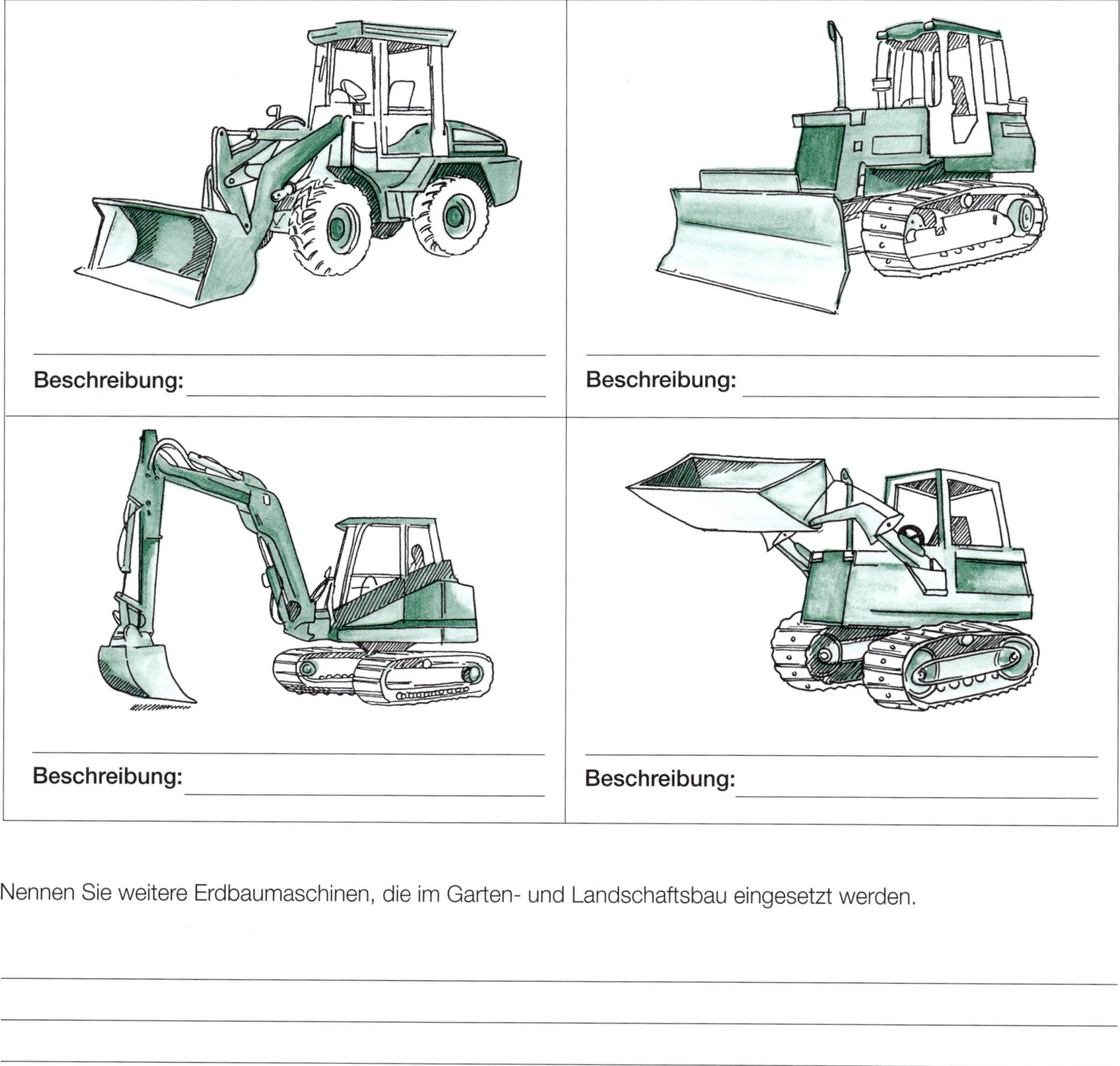

3. Nennen Sie weitere Erdbaumaschinen, die im Garten- und Landschaftsbau eingesetzt werden.

Wegebau

In der nebenstehenden Zeichnung sehen Sie den grundsätzlichen Aufbau eines Weges.

1. Beschriften Sie die unterschiedlichen Schichten. Zur Verfügung stehen: Tragschicht, Deckschicht (Wegedecke), Ausgleichsschicht, Frostschutzschicht, Planum.

2. Kennzeichnen Sie den Oberbau und den Unterbau.

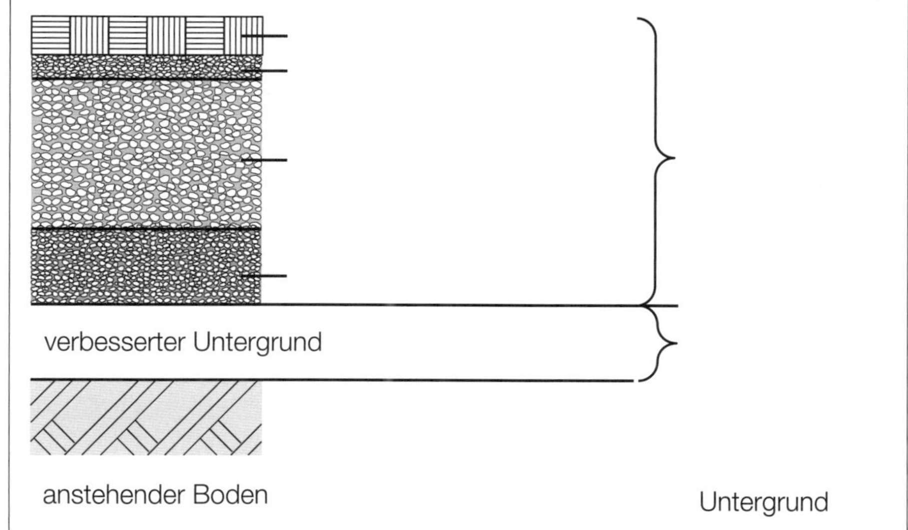

3. Schreiben Sie in die Tabelle die einzelnen Schichten des Oberbaus von oben nach unten und erklären Sie deren Aufgaben. Listen Sie zusätzlich die Materialien auf, aus denen die einzelnen Schichten bestehen können.

Bezeichnung der Schicht	Aufgaben	Materialien

Dachbegrünung

Ein Kunde möchte sich von Ihnen über die Begrünung seines Hausdachs und seiner Garage beraten lassen.

1. Welche Vorteile bietet eine Dachbegrünung für den Hausbesitzer bzw. für sein eigenes Haus/Garage und welche Bedeutung hat eine Dachbegrünung für die Umwelt?

   Vorteile der Dachbegrünung für den Hausbesitzer:

   Bedeutung einer Dachbegrünung für die Umwelt:

   Man unterscheidet bei der Dachbegrünung zwischen der **Extensivbegrünung** und der **Intensivbegrünung**. Kennzeichen der **Intensivbegrünung** ist eine dicke Substratschicht, so dass auch anspruchsvolle Pflanzen bis hin zu Bäumen angepflanzt werden können, wenn das Dach die erforderlichen Ansprüche an die Statik erfüllt.
   Bei der extensiven Dachbegrünung ist die Substratschicht dünn (2 bis 20cm) und deshalb nur für anspruchslose, niedrig wachsende Pflanzen geeignet.

2. Manchen Sie einem Kunden Pflanzvorschläge für eine **extensive Dachbegrünung**.

In der Zeichnung sehen Sie den grundsätzlichen Schichtenaufbau einer Dachbegrünung.

3. Ordnen Sie folgende stichwortartige Funktionsbeschreibungen den einzelnen Funktionsschichten zu:

   speichert Wasser für trockene Zeiten – verhindert, dass kleine Bodenteile in die Dränschicht geschwemmt werden – schützt die Wurzelschutzfolie z. B. vor zu rauem Untergrund – Wurzelraum für die Pflanzen – verhindert Beschädigungen der Dachabdichtung durch Pflanzenwurzeln – überschüssiges Wasser wird aufgenommen und den Dachabläufen zugeführt – schützt die Betondecke

4. Ordnen Sie die aufgeführten Materialien den Funktionsschichten zu:

   Wasserspeichermatte – Wurzelschutzfolie – Bitumen oder Kunststoff – mineralische Schüttstoffe wie Kies und Splitt – Rindenhumus – Dränmatten – Substratplatten

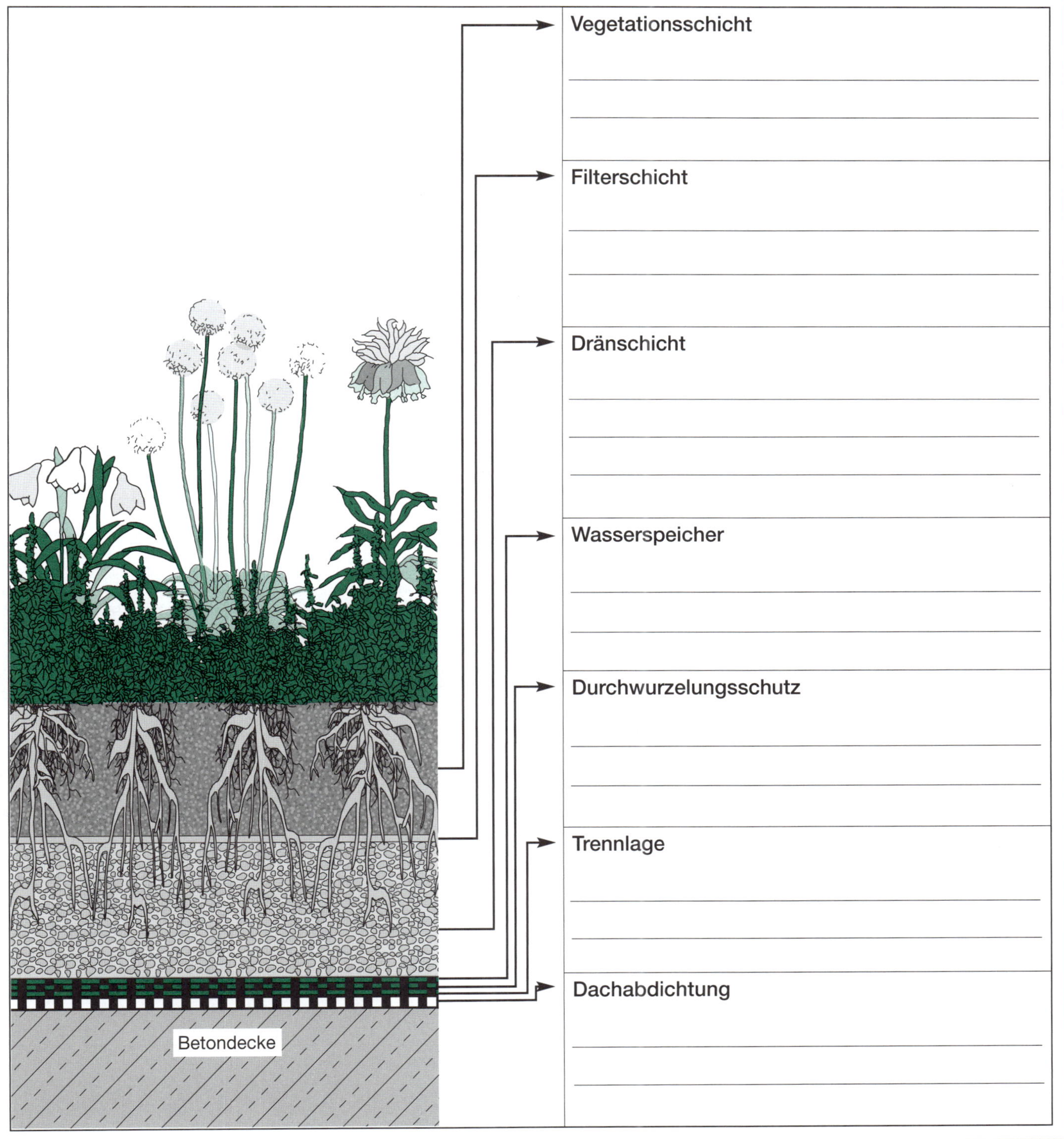

Böschungs- und Ufersicherung

Unter einer „Böschung“ versteht man einen Boden in Hanglage. Böschungen findet man z. B. an Autobahnen oder Landstraßen. Auch ein Ufer stellt eine Böschung dar.

Ist ein Boden in Hanglage unbepflanzt, so ist dieser Boden erosionsgefährdet.

1. Erklären Sie den Begriff „Erosion“.

   ____

   ____

2. In den Abbildungen sind typische Beispiele für Böschungssicherung dargestellt. Beschreiben Sie diese Maßnahmen.
   Erklären Sie, warum diese Verfahren dazu beitragen, einen Boden in Hanglage vor Erosion zu schützen.

Faschinen Faschinen Holzpflöcke	
Flechtwerk Weidenruten Pflock	

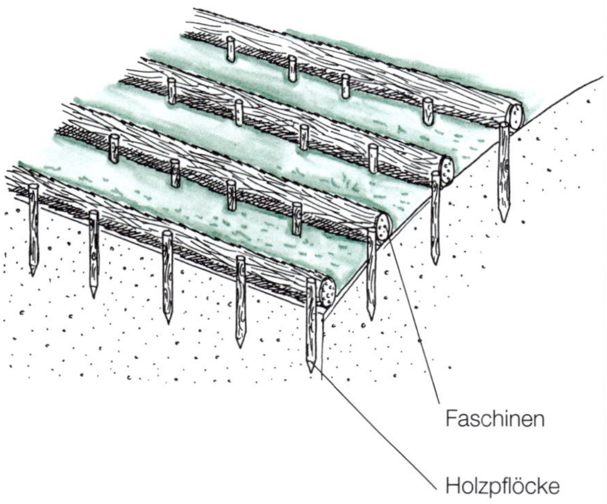

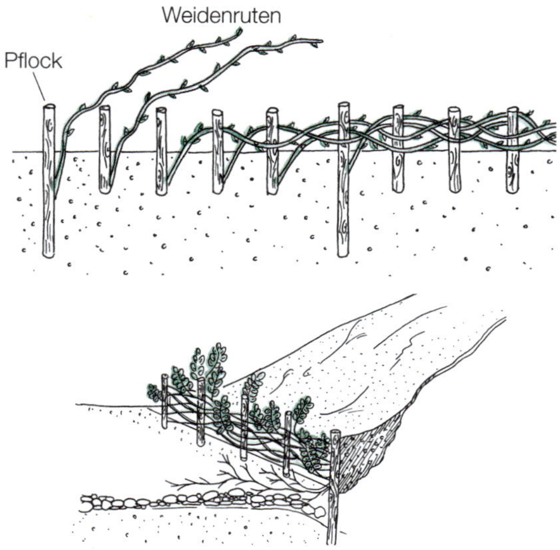

Nasssaat, Anspritzbegrünung Nasssaat	
Buschlagen Aushub Büsche Gras Erdreich	
Steckhölzer Steinschüttung Wasserspiegel (je nach Jahreszeit) Erdreich	
Fertigrasen oder Rasensaatmatten	

Mauern aus Naturstein

Zur Errichtung einer Mauer kann man künstliche Steine oder Natursteine verwenden.

1. Suchen Sie in der folgenden Auflistung die Natursteine heraus und tragen Sie diese in die Tabelle ein. Muschelkalkstein, Beton, Sandstein, Torfgestein, Pfette, Granit, Kalktuff, Klinker, Waschbeton, Grauwacke, Ziegel, Porphyr.

2. Kreuzen Sie an, ob es sich um ein Hartgestein oder ein Weichgestein handelt.

3. Geben Sie an, in welchen Farben der Naturstein vorkommt. (Nehmen Sie evtl. ein Buch mit Abbildungen zur Hilfe.)

Naturstein	Hartgestein	Weichgestein	Farbe

4. Überlegen Sie, warum man eher Weichgestein als Hartgestein für Natursteinmauern einsetzt.

____

5. Einige der auf den Seiten 72 und 73 abgebildeten Werkzeuge werden für die Natursteinbearbeitung benötigt. Streichen Sie die Werkzeuge, die nicht für eine Natursteinbearbeitung eingesetzt werden durch. Schreiben Sie unter die anderen Werkzeuge die Bezeichnungen. Zur Auswahl stehen: Bossierhammer, Setzeisen, Zweispitz, Fäustel, Scharriereisen, Spitzmeißel, Beil.

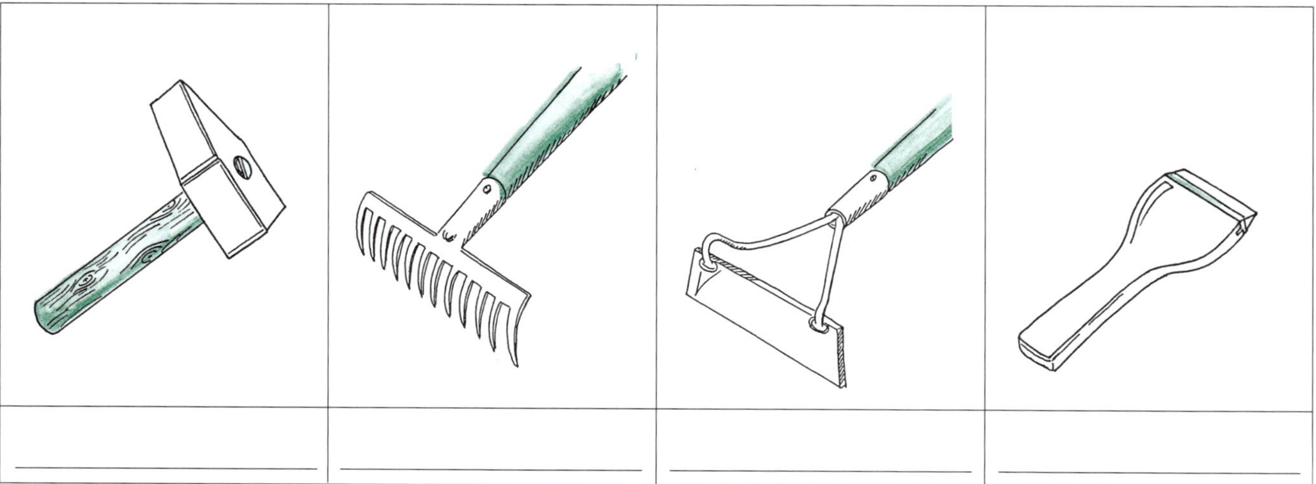

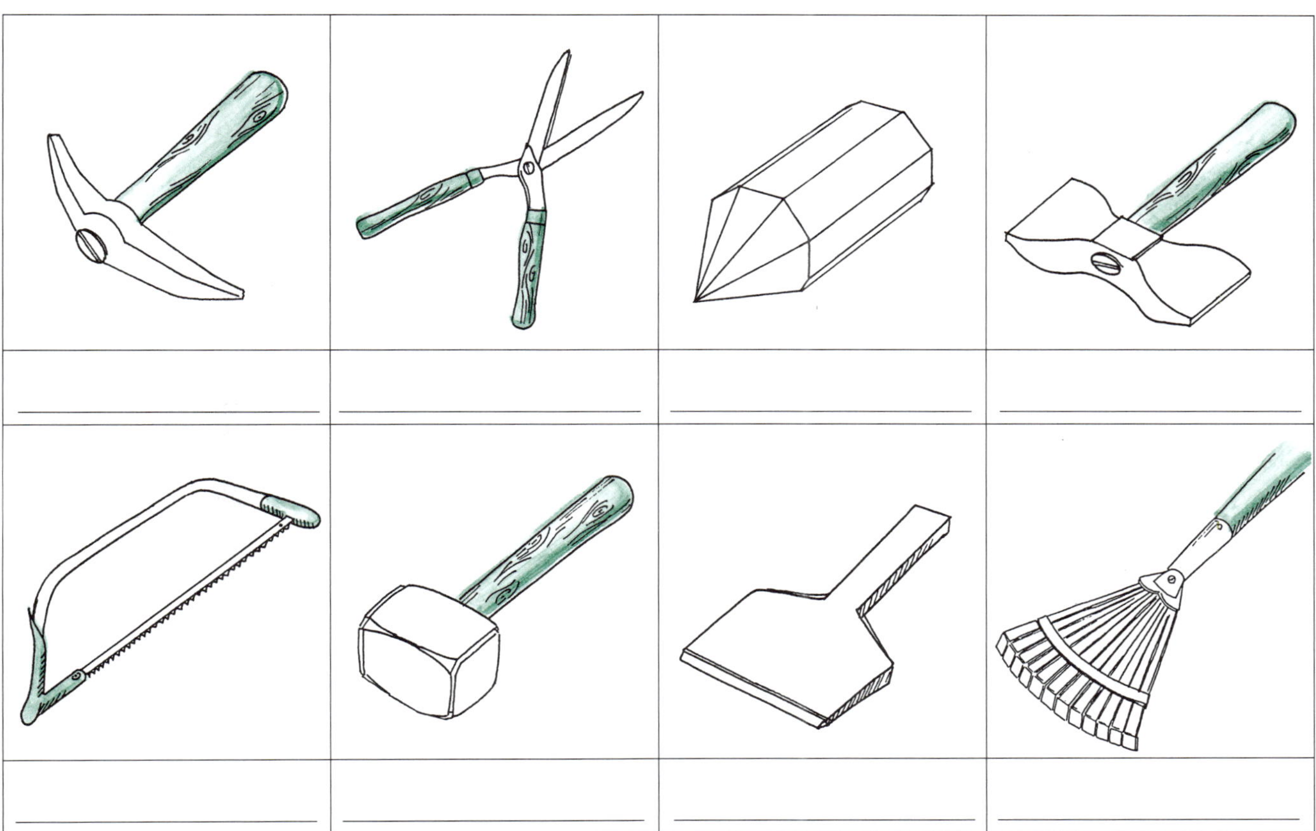

6. Schreiben Sie unter die abgebildeten Naturstein-Mauerwerksarten die richtigen Bezeichnungen: Zyklopenmauerwerk, Quadermauerwerk, Wechslermauerwerk, Bruchsteinmauerwerk, Schichtenmauerwerk.

Trockenmauer

Eine Trockenmauer ist eine besondere Form der Natursteinmauer. Sie wird aus unbearbeiteten oder nur wenig bearbeiteten Bruchsteinen errichtet. Oft verwendet man Sand-, Schiefer- oder Kalkgesteine.

Die Bruchsteine werden ohne Mörtel – also trocken – zu einer Mauer aufeinander gesetzt. Dabei werden die schwersten Steine für die unterste Schicht verwendet. Die Steine werden ihrer Form entsprechend zusammengesetzt, und da die Fugen von Trockenmauern eng sind, werden die Hohlräume mit kleinen Steinen gefüllt. Zum Ausgleich von Unebenheiten wird am besten lehmige Erde als Fugenfüllung eingebracht.

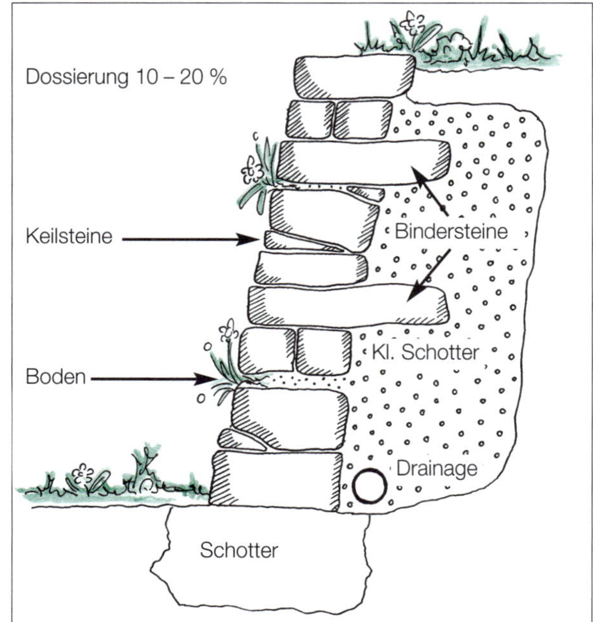

Kleine Hohlräume im Innern, sowie Spalten und Ritzen als Zugänge für Tiere sollten angelegt werden. Denn Trockenmauern sind für viele Tiere, die heutzutage an Betonmauern nicht überleben können, wichtige Lebensräume. Eidechsen und Schlangen lieben Mauern, die sich schnell erwärmen. In Spalten und Hohlräumen finden sie ihre Schlupfwinkel und ihre Nahrung. Von den speziellen Pflanzen an Trockenmauern werden Insekten wie Schmetterlinge, Bienen und Hummeln angelockt. Asseln, Spinnen, Käfer und Schnecken finden in und an Trockenmauern ihren Lebensraum.

Kleine Trockenmauern sind auf einer 30 cm dicken Schotterschicht standfest. Durch die Schotterschicht kann das Wasser abfließen. So wird Staunässe vermieden.
Soll eine Trockenmauer bis Augenhöhe oder höher errichtet werden, muss vorher ein frostfreies Fundament angelegt werden.

Trockenmauern werden nicht senkrecht gebaut, sondern mit einer Neigung von 10 – 20 %. Dies nennt man Dossierung. Dadurch werden sie kippsicher. Die Rückseite der Trockenmauer wird mit Boden angefüllt. Falls es sich um einen feuchten Boden handelt, wird die Rückseite mit Kies oder Schotter hinterfüllt, damit das Wasser abfließen kann. Wird mit viel Grund-Stauwasser hinter der Mauer gerechnet, wird zusätzlich ein Drainagerohr verlegt.

1. Erklären Sie den Begriff „Trockenmauer“.

2. Worin besteht die ökologische Bedeutung von Trockenmauern?

3. Was versteht man unter "Dossierung"?

4. In den Fugen von Trockenmauern und auch auf der Maueroberfläche herrschen extreme Lebensbedingungen. Die Pflanzen müssen auf nährstoffarmen Standorten wachsen können und Trockenheit verkraften. Für die Wurzelbildung steht nur wenig Boden zur Verfügung.
   Welche der folgenden Pflanzen eignen sich für eine Trockenmauer und welche nicht? Begründen Sie.
   Ergänzen Sie bei den Trockenmauerpflanzen die Blütenfarbe.

Botanischer Name	**Deutscher Name**	**für Trockenmauer geeignet**	**Blütenfarbe**
Alyssum montanum	Steinkraut	ja	gelb
Cerastium tomentosum	Hornkraut		
Magnolia stellata	Sternmagnolie		
Geranium sanguineum	Blut-Storchschnabel		
Sedum-Arten	Mauerpfeffer/Fetthenne		
Ilex aquifolium	Stechpalme		
Sempervivum-Arten	Hauswurz		
Iberis sempervirens	Schleifenblume		
Arabis caucasica	Gänsekresse		
Campanula carpatica	Glockenblume		

Mauerbau mit künstlichen Steinen

Lesen Sie den nachfolgenden Text zum Thema aufmerksam durch. Es sind richtige und auch falsche Aussagen enthalten.

1. Streichen Sie die Falschaussagen durch. Einige der falschen Angaben sind zu korrigieren.

Beispiel: Ziegel bestehen aus Ton, Lehm ~~und Tuff~~. Sie werden in Formen gepresst und bei ~~130 °C~~ 900 – 1000 °C gebrannt.

Ziegel bestehen aus Ton, Lehm und Tuff. Sie werden in Formen gepresst und bei 130 °C ____________ gebrannt. Ziegel haben relativ kleine __________ Poren und sind deshalb im Vergleich zum Klinker weicher. Sie sind deshalb nicht so druckfest wie Klinker. Sie können durch die Poren kein Wasser aufnehmen. Mauerziegel sind deshalb frostbeständig ____________________ .

Klinker sind ebenfalls Ziegelsteine, die jedoch bei 500 °C ____________ gebrannt werden. Durch die hohe Temperatur verschmelzen alle Bestandteile miteinander. Der Klinker hat deshalb keine Poren. Er ist weich ________ , nimmt kein Wasser auf und ist deshalb nicht frostbeständig.

Mauern aus künstlichen Steinen werden mit Beton __________ als Bindemittel gebaut.

Es gibt verschiedene Formate von Ziegelsteinen. So unterscheiden sich das Dickformat / ________________ und das Null-Acht-Fuffzehn-Format ________________ nur in der Breite des Steines ________________ .

	Länge	Breite	Höhe
DF	24 cm	11,5 cm	5,2 cm
NF	24 cm	18,0 cm	0,2 cm

2. Sortieren Sie die nun richtigen Aussagen in die Tabelle ein.

	Ziegel	Klinker
Bestandteile:		
gebrannt bei einer Temperatur von:		
enthält Poren (ja/nein):		
Druckfestigkeit:		
frostbeständig (ja/nein):		
Bindemittel zum Mauerbau:		

Ziegelsteinformate:

	Länge	Breite	Höhe

3. Welche der abgebildeten Werkzeuge werden nicht zum Mauerbau benötigt?
   Streichen Sie diese Grafiken durch.
   Schreiben Sie unter die restlichen Abbildungen die Bezeichnung des Werkzeugs.

Natursteinpflaster

1. Kreuzen Sie in der Tabelle Natursteine an, die als Wegebelag eingesetzt werden.

	Kautschuk		Quarzit		Ziegel
	Grauwacke		Kupfer		Schiefer
	Dränbetonstein		Granit		Porphyr
	Gneis		Bitumen		Basalt

2. Auf der nächsten Seite sehen Sie verschiedene Pflasterverbände aus Naturstein.
   Schreiben Sie die richtigen Begriffe unter die Zeichnungen:
   Reihenverband – Segmentbogenverband – Diagonalverband – Netzverband – Passeverband – Schuppenverband

3. Nachfolgend finden Sie Beschreibungen der Natursteinpflasterverbände.
   Schreiben Sie die richtige Bezeichnung des Pflasterverbands hinter die Beschreibungen.

   Beispiel:

   - Es werden Reihen in gleicher Breite rechtwinklig zur Randeinfassung verlegt.
     → Reihenverband
   - Dieser Pflasterverband wird ebenfalls in Reihen ausgeführt. Im Gegensatz zum Reihenverband verlaufen die Reihen schräg (45°) zur Randeinfassung.
     → ______________________________
   - Es werden Bögen verlegt. Jeder Bogen beginnt in der Mitte des Feldes mit schmalen Steinen. Zum Bogenäußeren werden die Steine breiter. Die Bögen müssen immer im rechten Winkel auf die Randeinfassungen stoßen.
     → ______________________________
   - Die Steine dieses Verbandes werden so gesetzt, dass sie schräg (diagonal) zur Fahrbahnrichtung stehen. Nur höchstens drei hintereinander liegende Steine dürfen eine durchgehende Fuge haben. Danach ist die Fuge zu unterbrechen.
     → ______________________________
   - Dieser Pflasterverband wird in schrägen (diagonalen) Reihen ausgeführt. Es werden nur quadratische Steine eingesetzt. Durch Verwendung von unterschiedlichen Gesteinsfarben können Muster gelegt werden.
     → ______________________________
   - Es werden gleich große Halbkreise verlegt. Diese Halbkreise stoßen nicht aneinander, sondern lassen noch einen Stein frei für den Anfangsstein der nächsten Schuppe. Die Bögen einer Schuppe beginnen immer rechtwinklig auf dem vorherigen Halbkreis.
     → ______________________________

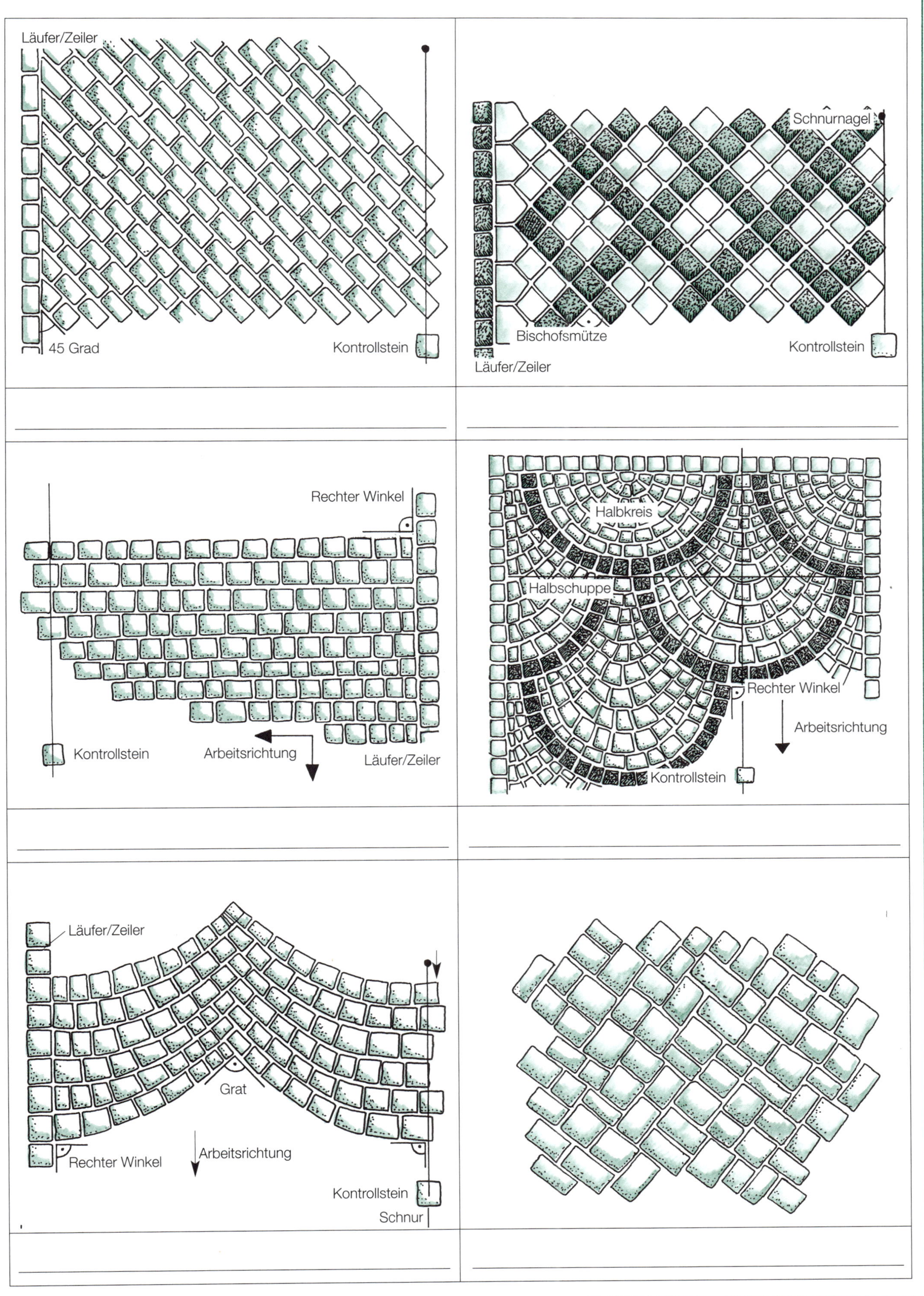
Läufer/Zeiler
45 Grad
Kontrollstein
Schnurnagel
Bischofsmütze
Kontrollstein
Läufer/Zeiler
Rechter Winkel
Kontrollstein
Arbeitsrichtung
Läufer/Zeiler
Halbkreis
Halbschuppe
Rechter Winkel
Arbeitsrichtung
Kontrollstein
Läufer/Zeiler
Grat
Rechter Winkel
Arbeitsrichtung
Kontrollstein
Schnur

Anlage eines Gartenteiches

Bei der Anlage eines naturnahen Gartenteiches sollte nicht nur einfach eine Grube ausgehoben, sondern verschiedene Teichzonen geschaffen werden.

In der Mitte des Teiches befindet sich die **Tiefwasserzone**, die 80 cm und tiefer ist.
Die **Flachwasserzone** hat eine Wassertiefe von 10 – 30 cm. Um die Flachwasserzone sollte eine **Sumpfzone** angelegt werden. Sie bildet den Übergang zum Uferbereich. Die Wassertiefe der Sumpfzone beträgt maximal 10 cm.

Verschiedene Wassertiefen schaffen unterschiedliche Lebensräume

1. In der Tabelle sind typische Teichpflanzen aufgelistet.
   Ordnen Sie die aufgezählten typischen Teichpflanzen den einzelnen Teichzonen zu und ergänzen Sie die deutschen Pflanzennamen.

Botanischer Name	Deutscher Name	Sumpf-zone	Flachwasser-zone	Tiefwasser-zone
Ceratophyllum demersum				
Typha angustifolia				
Caltha palustris				
Nymphaea alba				
Iris pseudocorus				
Hottonia palustris				
Nuphar lutea				
Sagittaria sagittifolia				

2. Warum ist für viele Wassertiere die Tiefwasserzone von großer Bedeutung?

3. Zählen Sie Tiere auf, die an und in einem naturnahen Gartenteich ihren Lebensraum finden.

4. Welche Gehölze sind für die Anpflanzung an der Uferregion eines großen Teiches geeignet?

5. Ein Kunde Ihres Garten- und Landschaftsbau-Betriebes befragt Sie zu verschiedenen Abdichtungsmaterialien eines Gartenteiches.
Führen Sie verschiedene Möglichkeiten der Teichabdichtung auf.
Geben Sie dem Kunden Vor- bzw. Nachteile der einzelnen Teichabdichtungen an.

-
-
-
-

6. Erklären Sie dem Kunden, warum
   - der Teich für einige Stunden am Tag Sonne bekommen sollte;
   - ein Teil des Teiches im Schatten liegen sollte;
   - keine größeren Bäume in unmittelbarer Nähe des Teiches stehen sollten.

7. Bringen Sie die abgebildeten Arbeitsschritte beim Bau eines Folienteiches in die richtige Reihenfolge und beschreiben Sie diese stichwortartig.

Fertig!
Ist der Teich naturnah mit einheimischen Pflanzen angelegt, werden bald Tiere zuwandern.

Treppenbau

1. Ordnen Sie folgende Fachbegriffe den Pfeilen in der Zeichnung zu:
   Seitenhaupt – Stufenhöhe – Vorderseite – Stufenlänge – Austritt – Antritt – Auftritt.

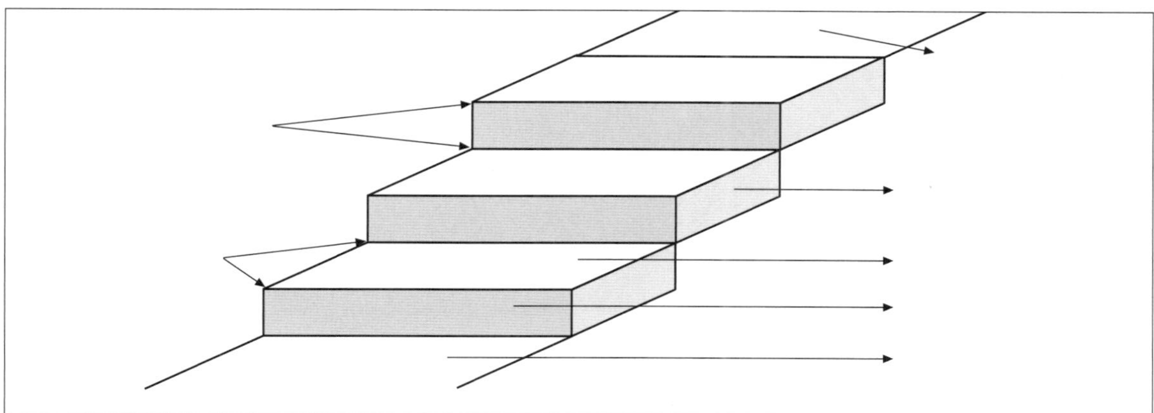

2. In den folgenden Abbildungen sind drei verschiedene Stufenarten dargestellt.
   Schreiben Sie jeweils unter die Abbildung den richtigen Begriff.
   Zur Auswahl stehen: **Legestufen – Stellstufen – Blockstufen**.

3. Ordnen Sie folgende Beschreibungen den richtigen Stufenarten zu. Schreiben Sie dazu die Buchstaben der Beschreibungen unter die Abbildungen:
   a) Die Stufen sind aus einem Stück.
   b) Die Stufenplatten haben eine Stärke von 2 – 10 cm, die mit Unterlagen unterlegt werden.
   c) Es ist kein Betonfundament nötig, ein gut verdichtetes Kies-Sand-Gemisch (0/32) ist ausreichend.
   d) Die Stufenplatten werden hochkant gestellt.
   e) Der Auftritt kann z. B. ausgepflastert, bekiest, mit Rindenmulch ausgefüllt oder mit Platten belegt sein.
   f) Die Platten stehen 2 – 6 cm über.

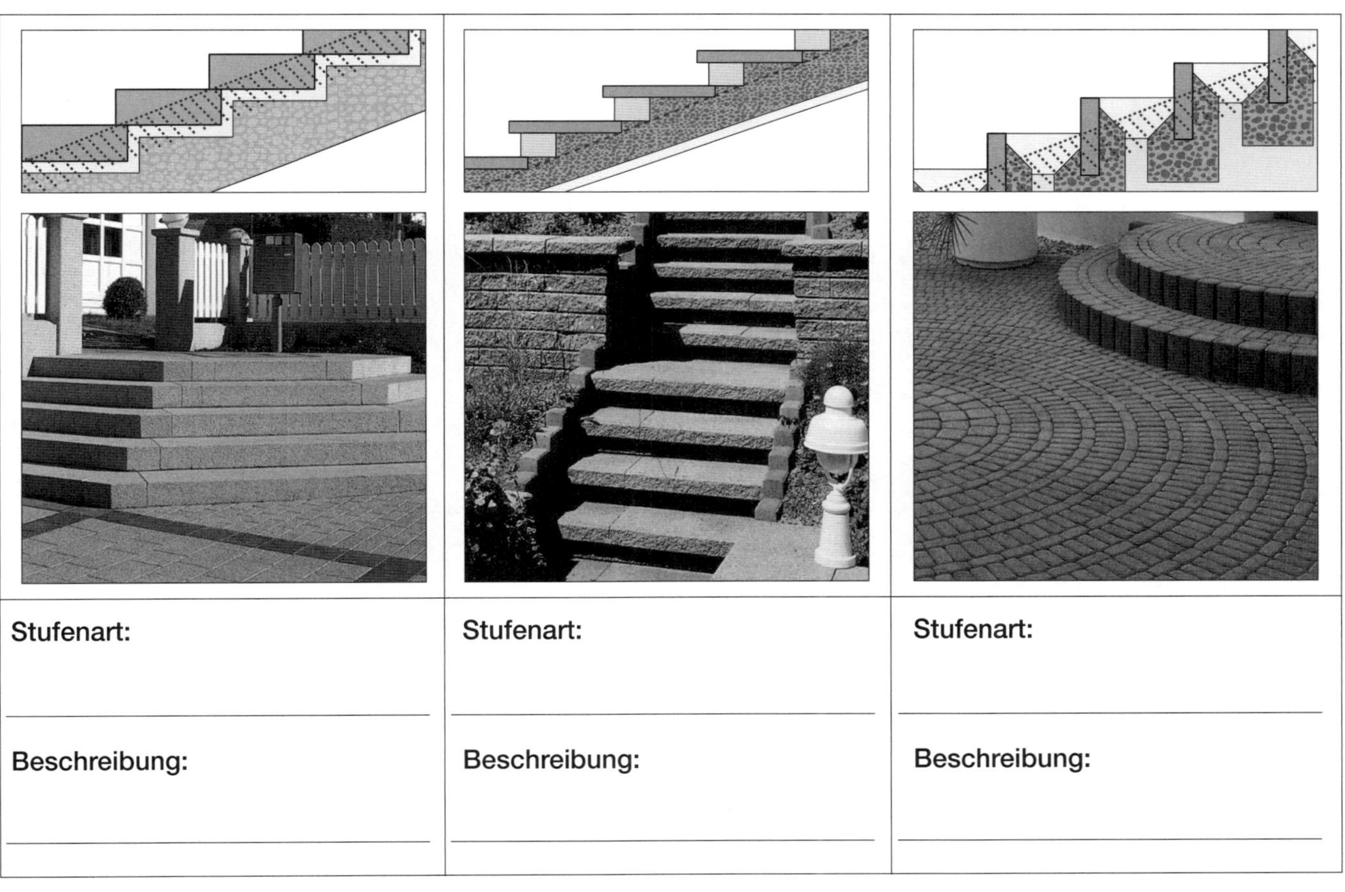

Zäune

1. Ordnen Sie den abgebildeten Holzzäunen die richtigen Bezeichnungen anhand der Kurzbeschreibungen zu:

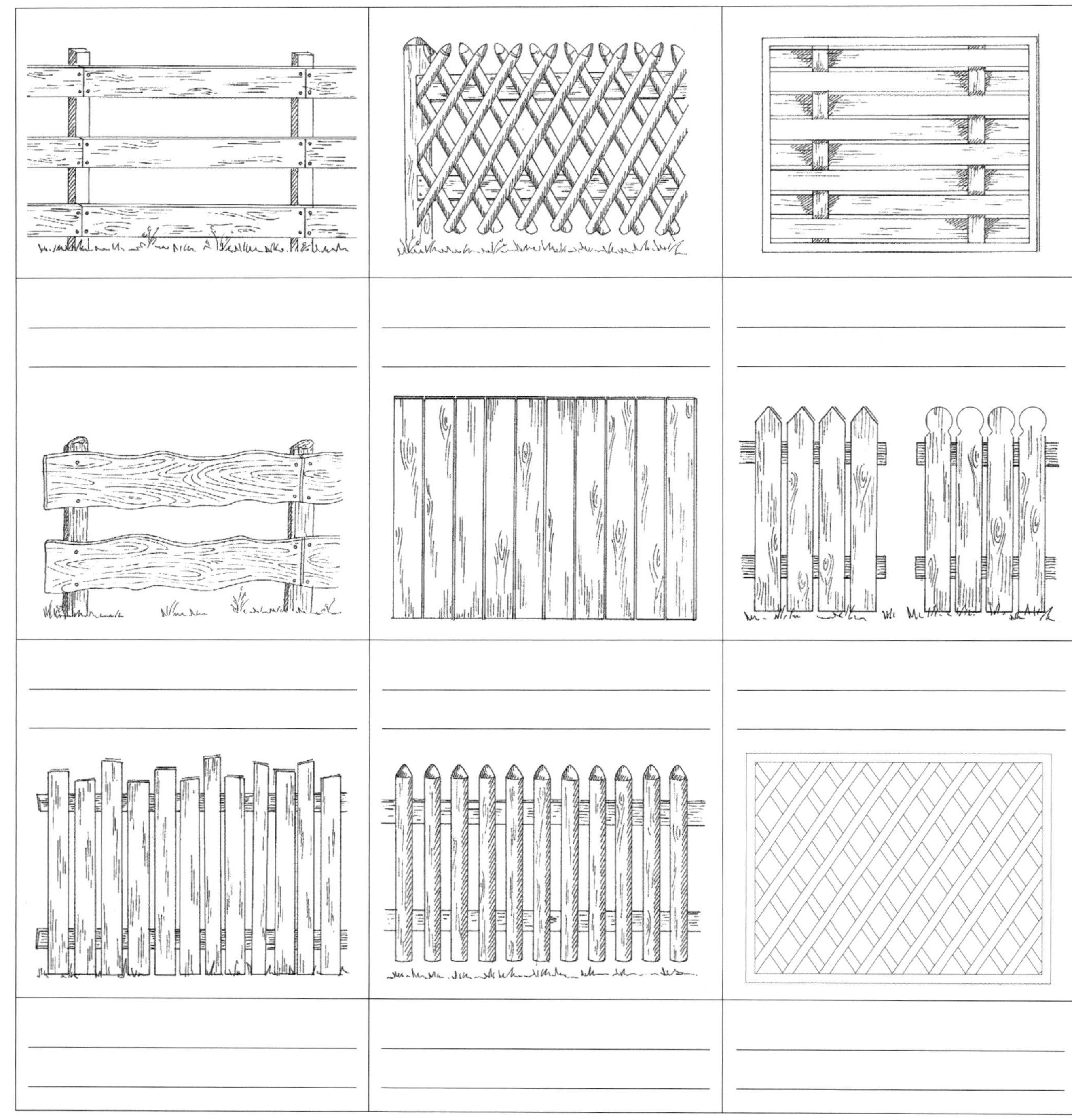

- Schräge Hölzer, die sich überkreuzen: **Jägerzaun**
- Zaun aus senkrechten, halbrunden Hölzern: **Staketenzaun**
- Zaun aus senkrechten, gesägten Brettern (d. h. mit glatter Oberfläche): **Latten- oder Bretterzaun** (unterschiedliche Kopfformen)
- Waagerecht angebrachte breite, unregelmäßige Bretter, Bohlen: **Rancherzaun**
- In einem Holzrahmen befinden sich dicht angeordnete, schmale waagerecht verlaufende Holzstreifen = Lamellen: **Lamellenzaun (Flechtwerkzaun)**
- Blickdichter Zaun aus eng aneinander liegenden, senkrecht oder waagerecht angeordneten Brettern: **Plankenzaun**
- Unterschiedlich breite Bretter in verschiedenen Längen, senkrecht angeordnet: **Spaltzaun**
- Breite waagerecht angebrachte Bretter mit großen Zwischenräumen: **waagerechter Bretterzaun**
- In einem Holzrahmen sind sich kreuzende Latten angebracht: **Spalierzaun**

2. Holzzäune bestehen im Wesentlichen aus folgenden Bestandteilen: Pfosten, Querriegel (Querrahmen) und Latten. Beschriften Sie die Zeichnung:

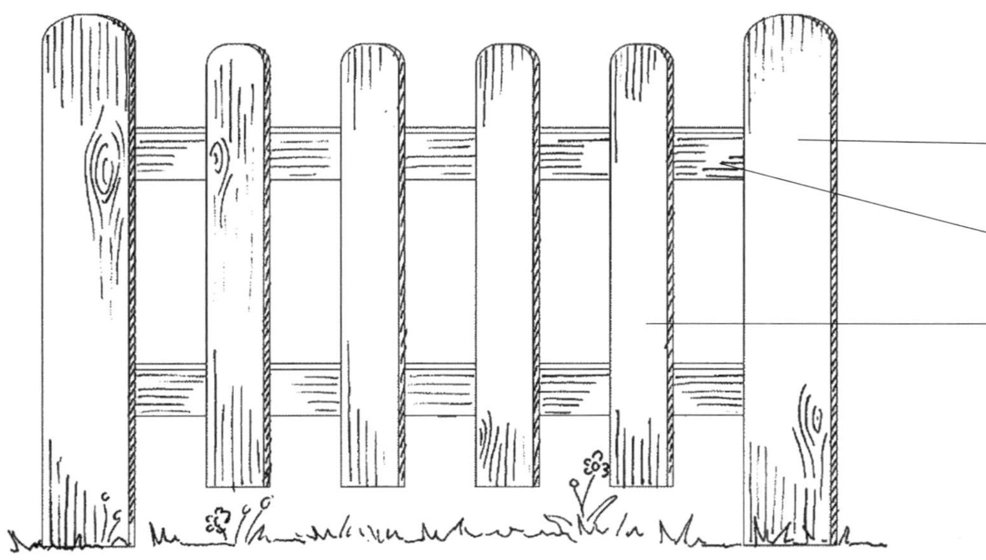

3. Der Arbeitsablauf beim Bau eines Staketenzaunes ist durcheinander geraten. Geben Sie die Arbeitsschritte in der richtigen Reihenfolge 1 – 9 an:

	Pfostenschuhe einbetonieren
	Kantensteine zwischen Pfosten setzen
	Zaun abstecken
	Latten mit nicht rostenden Nägeln/Schrauben befestigen
	einen Tag warten
	Löcher ausheben für die Pfosten
	Tür- und Eckpfosten setzen und mit einer Richtschnur verbinden
	restliche Pfosten setzen
	Querriegel (Querrahmen) an die Querriegelbefestigungen der Pfosten anbringen

4. Welche weiteren Verwendungsmöglichkeiten für Holz kennen Sie aus dem Garten- und Landschaftsbau?

5. Erkundigen Sie sich in Büchern, Werbeprospekten oder im Internet, welche anderen Zäune außer Holzzäune im Garten- und Landschaftsbau eingesetzt werden.

Wiederholungsrätsel – Landschaftsgärtnerische Arbeiten

Tragen Sie die gesuchten Begriffe in die Kästchen der nächsten Seite ein.
Einige der gesuchten Buchstaben tragen eine grüne Ziffer.
Übertragen Sie diese Buchstaben in den Lösungssatz, der unter dem Rätsel steht.

1 Wird zum Anbinden eines Baumes mit Ballen verwendet
2 Offener Boden rund um den Stamm eines Straßenbaumes
3 Auswüchse an den Trieben der Rose, an denen man sich sticht
4 Zusammengerollter Fertigrasen
5 Bodenabtrag durch Wind, Wasser oder Eis
6 Bündel aus Ästen und Zweigen, die mit einem Draht zusammengebunden werden. Diese Bündel werden schräg an Hängen angebracht und schützen vor Bodenabtrag.
7 Handgerät zum Zusammenkehren von Laub und Gras
8 Mix aus Wasser, Zement und Gestein (Sand, Splitt, Schotter)
9 Natursteinmauer, die ohne Mörtel errichtet wird
10 Neigung von 10 – 20 % einer Trockenmauer
11 Bestandteil von Ziegel und Klinkern
12 Bindemittel zum Mauern mit Klinkern oder Ziegel
13 Beton, der noch nicht erhärtet ist und noch bearbeitet werden kann
14 Baum mit 1,80 m hohem Stamm
15 Schnitt, der beim Pflanzen durchgeführt wird, aber nicht den Spross betrifft
16 Pflanzen, die man in den Boden einarbeitet, um dem Boden Nährstoffe zuzuführen

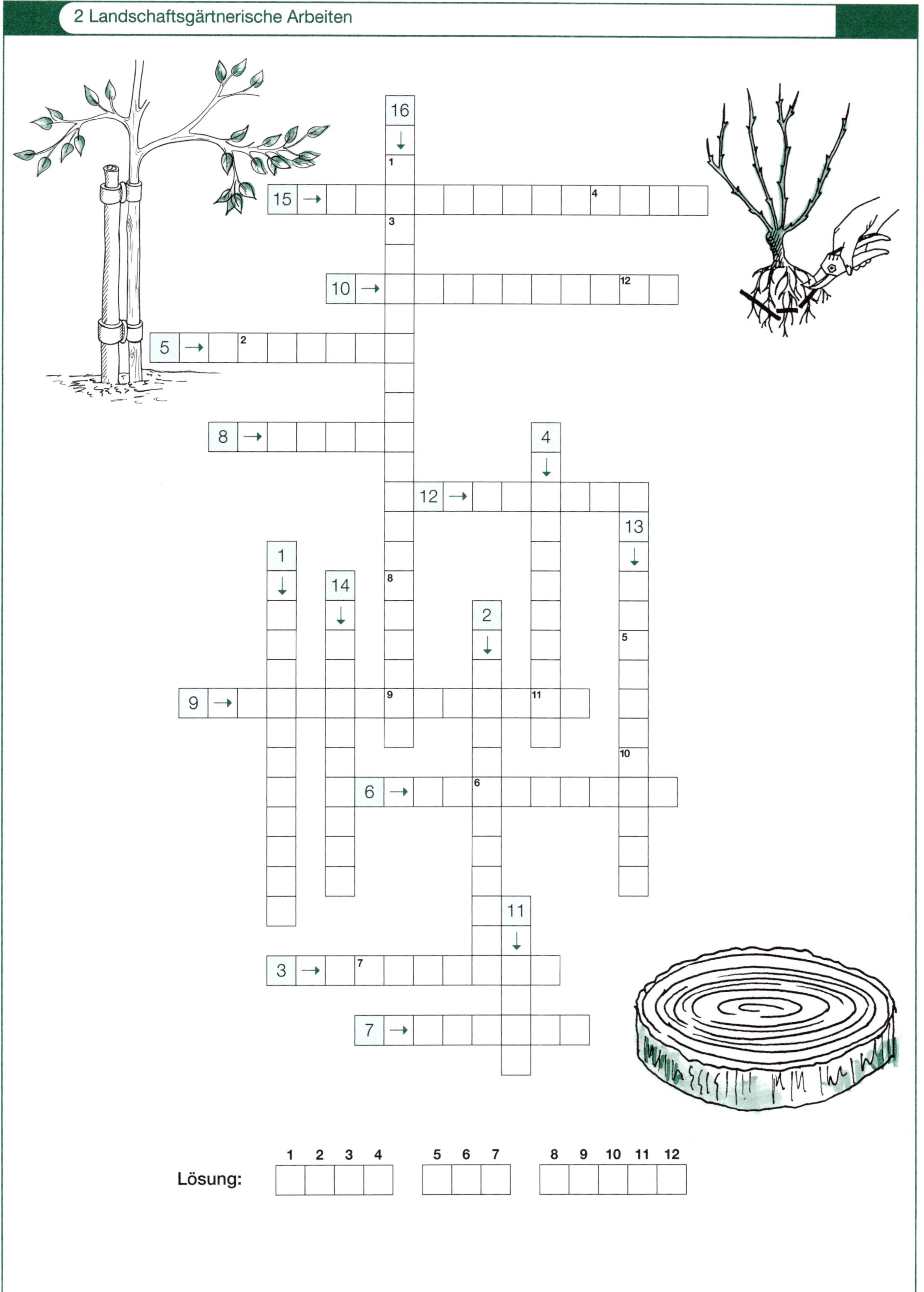

Lösung:

1	2	3	4		5	6	7		8	9	10	11	12

3 Bodenkunde

Bodenentstehung und Bodenhorizonte

1. Was versteht man unter dem Begriff „Boden“?

2. Wenn man eine Grube von 100 cm bis 150 cm Tiefe gräbt, erkennt man verschiedene Bodenschichten. Diese Schichten nennt man A-Horizont, B-Horizont und C-Horizont.

   Ordnen Sie die unten stehenden Beschreibungen den Bodenschichten zu. Schreiben Sie **stichwortartig** die Eigenschaften neben die Zeichnung.

A-Horizont:

B-Horizont:

C-Horizont:

Beschreibungen:

Dieser Horizont wird auch als Oberboden oder Mutterboden bezeichnet.

Diese Schicht ist meist von dunkler Färbung.

In dieser Schicht ist das Ausgangsgestein zu erkennen, aus dem der darüber liegende Boden entstanden ist.

Der Boden ist locker und humusreich.

Diese Schicht nennt man auch den Unterboden.

Dieser Horizont ist stark durchwurzelt.

Hier findet man ein starkes Bodenleben.

Diese Schicht ist meist heller gefärbt, als die darüber liegende, weil sie weniger Humusanteile enthält.

Diese Schicht ist dichter und fester als die darüber liegende Schicht.

Humus ist der organische Anteil des Bodens, der durch die Tätigkeit von Bodenlebewesen entstand. Und wie entstand der mineralische Anteil des Bodens?

Der Boden ist aus dem darunter liegenden Gestein entstanden.
Gestein besteht aus festen Substanzen, den Mineralien. Verschiedene Verwitterungsprozesse bewirken das Zerfallen des Ausgangsgesteines in kleinere Stücke. So entstehen Steine, Sand, Ton und Schluff.

Gesteine —**Verwitterung**→ **Boden**

3. Erklären Sie, wie sich durch folgende Verwitterungsprozesse aus Gesteinen der Boden entwickelt:

- wechselnde Temperaturen

____
____
____
____
____

- Wasser

____
____

- Säuren

____

- Wurzeln größerer Pflanzen

____
____
____

- Bakterien, Flechten, Algen

____
____
____

Bodenentstehung

Bodenarten

Über die wichtigsten Eigenschaften des Bodens sollte der Gärtner Bescheid wissen, bevor er zu Hacke und Düngersack greift. Er sollte die Pflege- und Düngemaßnahmen danach ausrichten, um welche Art des Bodens es sich handelt.

1. Finden Sie in dem folgenden Text wichtige Eigenschaften von Sand- und Tonböden heraus. Tragen Sie diese Eigenschaften in die Tabelle auf der nächsten Seite ein.

Die einzelnen Körner eines Sandbodens sind fühlbar, sie haften nicht an den Händen. Sandboden rieselt durch die Finger, wenn man eine Bodenprobe nimmt. Tonböden bestehen aus sehr kleinen Körnern, die einzeln nicht mit der Hand fühlbar sind. Ton lässt sich in der Hand zu einem zähen Klumpen zusammendrücken. Lehmböden bestehen aus unterschiedlich großen Einzelkörnern, Lehm zerbröckelt zwischen den Fingern zu weichen Krümeln.

Sandböden bestehen aus großen Körnern. Zwischen den Körnern befinden sich Zwischenräume, durch die das Regenwasser hindurchrinnt wie durch ein Sieb. Sandböden sind also sehr wasserdurchlässig. Bei schweren Regenfällen bilden sich keine Pfützen, weil das Wasser schnell versickert. Sandböden sind gut durchlüftet, weil die Luft leicht in die Zwischenräume dringen kann. Sandböden erwärmen sich schnell, kühlen aber auch schnell wieder aus. In den Zwischenräumen können Pflanzen die Sandböden gut durchwurzeln. Man kann Sandböden leicht mit Handgeräten bearbeiten.

Ein Sandboden ist nährstoffarm. Die Nährstoffe werden von den Sandkörnern nicht festgehalten und mit dem Regenwasser leicht in tiefe Schichten des Bodens ausgeschwemmt.

Tonböden sind aufgrund ihrer kleinen Körner dicht. Die Nährstoffe werden gut festgehalten, deshalb sind Tonböden sehr nährstoffreich. Nachteilig an Tonböden ist jedoch, dass sie undurchlässig für Wasser sind. Tonboden neigen dazu, bei Trockenheit sehr hart zusammenzubacken. Sie reißen dann wie geplatzte Ziegelsteine auseinander.

Bei nassem Wetter klebt die Tonerde zusammen und es kommt häufig zu Staunässe. Tonböden sind ebenso undurchlässig für Luft. Das bedeutet, dass sich diese Böden nur schlecht erwärmen. Die Wurzeln der Pflanzen können den Boden nur schwer durchdringen. Samenkörner gehen schwer auf, weil sie zur Keimung Wärme und Luft benötigen. Tonböden sind mit Handgeräten nur schwer zu bearbeiten.

Da Lehmböden aus unterschiedlich großen Körnern bestehen, nimmt dieser Boden eine Mittelstellung ein. Die Zwischenräume sind kleiner als beim Sandboden. Für die Nährstoffanlagerung und die Arbeit der Bodenlebewesen sind die Voraussetzungen in lehmhaltiger Erde günstig. Lehmböden können Wasser, Luft und Nährstoffe gut speichern.

Lehmböden sind gute Gartenböden, hier reicht die „normale" biologische Bodenpflege: Kompost, Bodenbedeckung und Fruchtwechsel erhalten und vermehren die Fruchtbarkeit der lehmigen Erde.

Da Sandböden nährstoffarm sind, sollte lehmhaltige Erde, Kompost oder Stein- und Tonmehl eingearbeitet werden. Damit der Boden eine Humusschicht bilden kann, sollte er ständig mit einer Mulchschicht bedeckt sein. Sandböden werden nicht umgegraben, da sie von Natur aus locker sind. Düngemittel dürfen nicht in großen Mengen gegeben werden, weil Sandböden Nährstoffe nicht lange speichern können.

Tonböden sind fruchtbar, wenn es gelingt, ihre Struktur zu verbessern. Wichtig dafür ist, dass für die Belüftung des Bodens gesorgt wird. Tonböden müssen umgegraben werden und man sollte Sand und Kompost einarbeiten.

Eigenschaften	Sandboden	Tonboden
Fingerprobe		
Nährstoffgehalt für Pflanzen		
Wasserhaltekraft		
Durchlüftung		
Durchwurzelbarkeit		
Erwärmung		
Bearbeitbarkeit		
Maßnahmen zur Verbesserung der Bodenstruktur		

2. Erklären Sie, warum ein Lehmboden die positiven Eigenschaften von Sand- und Tonböden hat.

3. Erklären Sie, warum Regenwürmer dazu beitragen können, dass die Pflanzen einen Boden besser durchwurzeln können.

Mulchen

In vielen Gärten findet man um Bäume und Sträucher herum gut geharkte, unbedeckte Böden vor. Dieser „nackte“ Boden ist in der Natur kaum anzutreffen. Durch Farne, Gräser, Kräuter und herabgefallenes Laub wird z. B. der Boden im Wald geschützt.

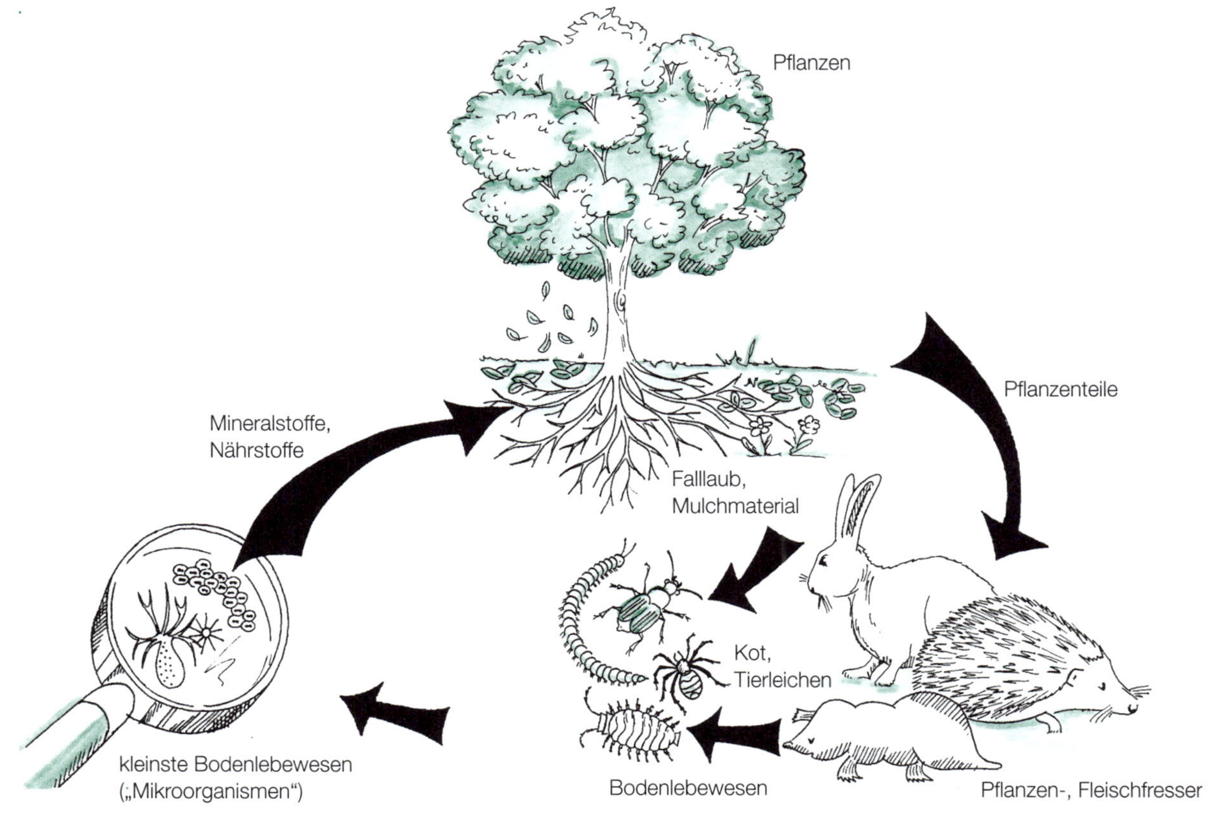

1. Erläutern Sie den abgebildeten Kreislauf. Verwenden Sie dabei die Begriffe in der Zeichnung.

2. Welche Auswirkungen hätte ein Ernten von Pflanzen oder Roden von Bäumen auf diesen Kreislauf?

3. Nennen Sie fünf Nährstoffe mit chemischen Zeichen, die von den Pflanzen aus dem Boden aufgenommen werden.

4. Die folgenden Abbildungen stellen verschiedene Bodenlebewesen dar.
   a) Schreiben Sie unter die Zeichnung, um welche Bodentiere es sich handelt.

   b) Zählen Sie weitere Bodenlebewesen auf.

   c) Erklären Sie die bodenverbessernde Wirkung von Regenwürmern.

5. Unter dem Begriff „Mulchen" versteht man, dass der Boden nach dem Vorbild der Natur mit klein gehäckselten Pflanzenteilen abgedeckt wird. Nennen Sie geeignete Mulchmaterialien:

6. Nennen Sie einem Kunden des Gartenbaubetriebes mindestens drei Gründe, warum er den Boden in seinem Garten nicht „nackt" lassen, sondern mulchen sollte.

Kompost

Die Kompostierung ist die älteste und natürlichste Methode, den Boden mit Nahrung zu versorgen. „Kompost“ ist lateinisch und bedeutet auf deutsch „Zusammengesetztes“. Man lagert z. B. Garten- und Küchenabfälle auf einem Haufen oder in einem Kompostbehälter. Im Komposthaufen wandeln Milliarden von Kleinstlebewesen diese Materialien in nährstoff- und humusreiche Erde um, die dann als Dünger eingesetzt wird.

1. Beschreiben Sie den Aufbau eines Komposthaufens:

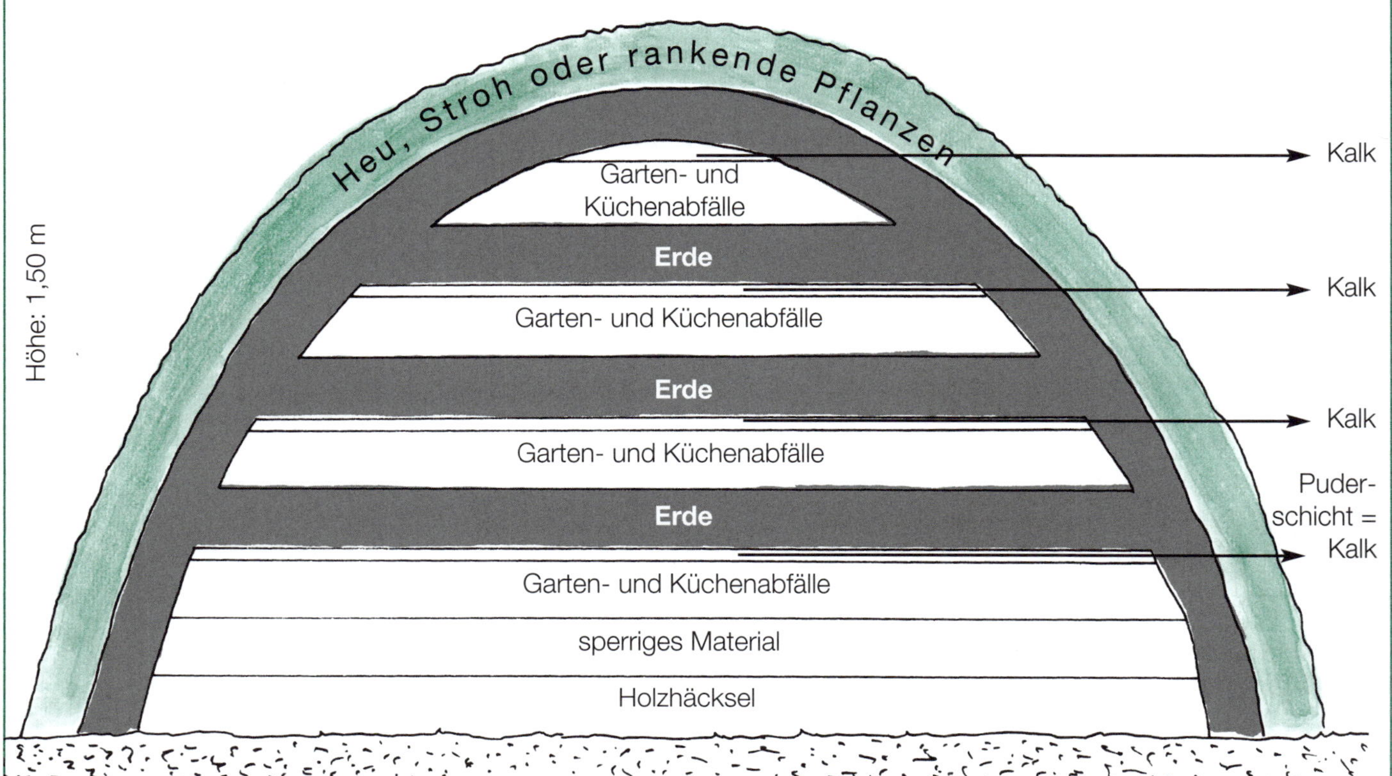

2. Warum wird kompostiert?

3. Was darf kompostiert werden? Kreuzen Sie an!

	ja	nein
Obstreste		
Glas		
Eierschalen		
Kaffeesatz		
Metall		
Grasschnitt		
Wurzelunkräuter		
Laub		
Heckenschnitt		
Knochen		
Kunststoffe		
Fleischreste		
Pflanzenteile mit Pilzerkrankungen		
Unkräuter ohne Samen		
Käserinden		
Teekraut		

4. Für die richtige Kompostierung sollten verschiedene Grundregeln beachtet werden. Erläutern Sie die aufgeführten Regeln.

Grundregel	**Erläuterung**
Der Komposthaufen sollte im Halbschatten stehen.	
Der Komposthaufen wird auf offenem Boden angelegt.	
Der Komposthaufen sollte einen warmen Standort haben.	
Große Pflanzenteile sollten vor der Kompostierung zerkleinert werden.	
Der Komposthaufen sollte windgeschützt stehen.	
Bei großer Trockenheit sollte man den Komposthaufen wässern.	
Falls man keinen Komposthaufen im Garten haben möchte, sondern einen Kompostbehälter, muss dieser Behälter seitlich offen sein.	

pH-Wert – Versuch

Das Leben im Boden hängt von seiner chemischen Beschaffenheit ab. So beherbergt z.B. saurer Boden relativ wenige Organismen. Man kann den Säuregehalt des Bodens bzw. seinen pH-Wert mithilfe von Indikatorpapier testen, das es in Apotheken gibt.

Dazu benötigen Sie:
- Plastiklöffel
- Marmeladengläser mit Deckel
- destilliertes Wasser
- Indikatorpapier
- Bodenproben

Durchführung:

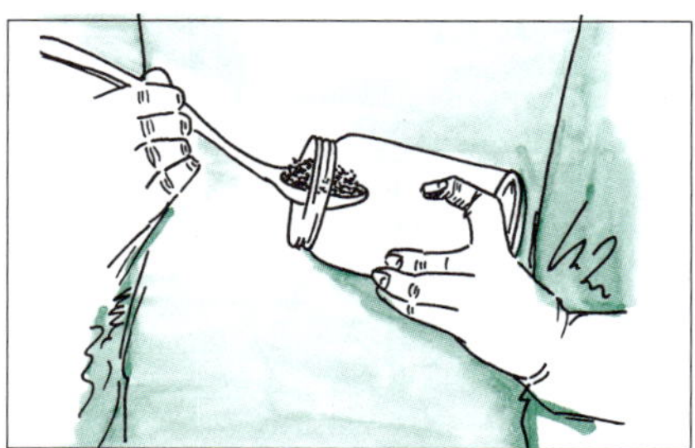

Zwei bis drei Löffel einer Bodenprobe werden in ein Marmeladenglas gegeben.

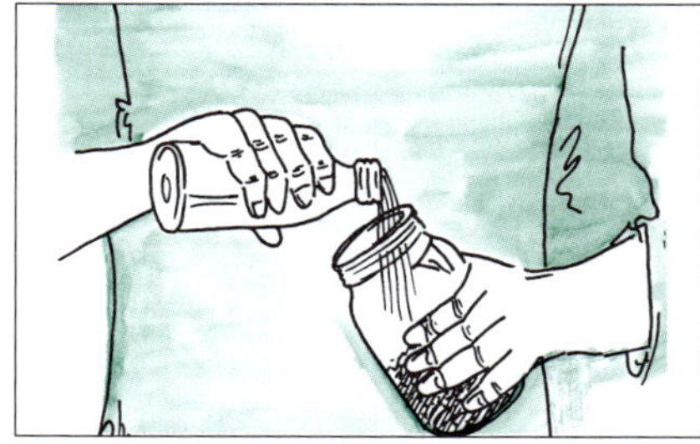

Destilliertes Wasser wird bis zur Hälfte des Glases aufgefüllt. Der Deckel wird verschlossen.

Das Glas wird geschüttelt, damit sich Erde und Wasser vermischen. Man stellt das Glas ab und wartet, bis sich die Erde wieder absetzt.

Der Deckel wird abgeschraubt. Den Stiel des Plastiklöffels taucht man ins Wasser, das sich über der Erde angesammelt hat, dann langsam herausnehmen.

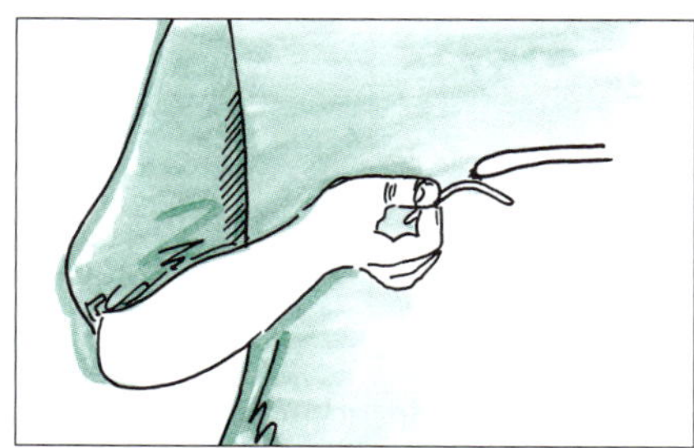

Jetzt tupft man mit dem Löffelstiel vorsichtig auf das Lackmuspapier, sodass der Streifen ein wenig von dem Wasser aufsaugt.

1. Vergleichen Sie die Verfärbung des Indikatorpapiers mit den Angaben auf der Verpackung. Ist der Boden sauer, alkalisch oder neutral? Testen Sie Ihre verschiedenen Bodenproben und notieren Sie ihr Ergebnis.

   Der pH-Wert wird in einer Skala von 0 – 14 angegeben:

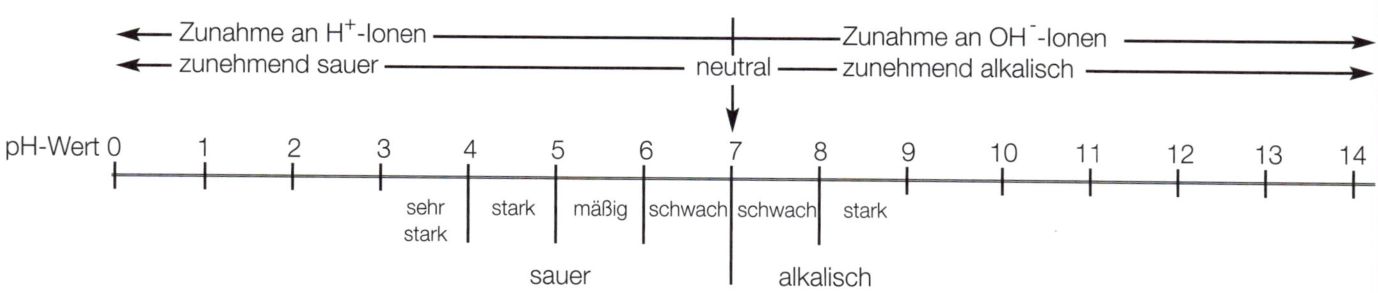

2. Was bedeutet pH = 7? Was bedeuten pH = 6, pH = 4, pH = 8, pH = 10?

___

___

Wie kann man sich das vorstellen?

Ein Wassermolekül $\mathbf{H_2O}$ besteht aus zwei Wasseratomen **H** und einem Sauerstoffatom **O**.
Manchmal zerfallen diese Wassermoleküle. Dann entsteht ein H^+-Ion und ein OH^--Ion.
Je mehr H^+-Ionen sich im Boden befinden, desto saurer ist der Boden. Je mehr OH^--Ionen sich im Boden befinden, desto alkalischer ist der Boden.

Eigentlich ziehen sich die positive Ladung des H^+-Ions und die negative Ladung des OH^--Ions an, sodass sie sich wieder zu Wasser verbinden. Reines Wasser ist neutral, pH-Wert = 7. Im Boden befinden sich jedoch viele andere geladene Teilchen, welche die H^+-Ionen oder die OH^--Ionen anziehen. Dann kann es passieren, dass die H^+-Ionen im Boden überwiegen und der Boden sauer ist oder die OH^--Ionen überwiegen und der Boden alkalisch ist.

3. Die meisten Pflanzen gedeihen auf einem Boden mit einem pH-Wert von ca. 7 bis schwach alkalisch. Es gibt jedoch auch Pflanzen, die sich an saure Böden oder alkalische Böden angepasst haben. Erklären Sie anhand der Grafik, warum z. B. Huflattich nicht im Hochmoor zu finden ist. Wieso wächst die Heidelbeere nicht auf einem Kalkboden?

Böden und Pflanzen	pH	3	4	5	6	7	8
Hochmoor							
Sumpfwiese							
Mischwald							
Flachmoor							
Trockene Wiese							
Acker (Kalkboden)							
Torfmoos							
Heidelbeere							
Geschlängelte Schmiele							
Heidekraut							
Waldschmiele							
Rasenschmiele							
Wiesenschwingel							
Bärlauch							
Huflattich							

pH-Bereiche verschiedener Böden und Zeigerpflanzen

4. Ordnen Sie folgende Pflanzen den entsprechenden Standorten zu.
Kreuzen Sie die richtigen Standorte an. Ergänzen Sie die deutschen Pflanzennamen.

Pflanze	saurer Boden	neutraler Boden	alkalischer Boden
Rhododendron impeditum –			
Calluna vulgaris –			
Fagus sylvatica –			
Pieris japonica –			
Magnolia x soulangeana –			
Hydrangea macrophylla –			
Quercus robur –			

*In saurer Erde blühen viele Hortensien blau, in alkalischer Erde blühen sie rosa oder rot. Weiße Blüten ändern ihre Farbe nicht.

4 Unfallverhütung

Beim Einsatz von Werkzeugen und Maschinen kommt es immer wieder zu Unfällen. Deshalb müssen Sie bei der Durchführung vieler Arbeiten eine Schutzausrüstung tragen.

1. Schreiben Sie unter die Zeichen deren Bedeutung.

2. Listen Sie darunter auf, bei welchen Arbeiten Sie diese Schutzausrüstung tragen sollen.

Bedeutung:	**Bedeutung:**	**Bedeutung:**	**Bedeutung:**
Arbeiten:	**Arbeiten:**	**Arbeiten:**	**Arbeiten:**

Beim Umgang mit Freischneidern gibt es viele Gefährdungen.

3. Nennen Sie Folgen und Schutzmaßnahmen bei diesen aufgelisteten Gefahren.

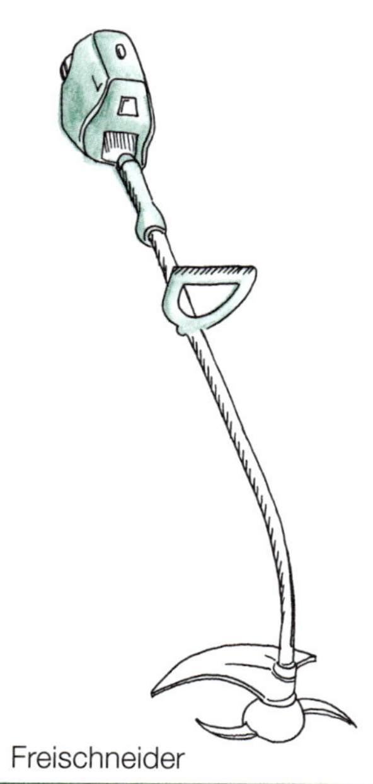

Freischneider

Gefahren	**Folgen**	**vorbeugende Schutzmaßnahmen**
Lärm		
Zu dichter Abstand zu den Schneidemessern		
ungleichmäßige Belastung der Schulter		
Wegschleudern von Steinen und Fremdkörpern		

5 Natur- und Umweltschutz

Naturschutz im Garten

Durch den Eingriff des Menschen in die Natur sind viele Lebensräume verändert und vernichtet worden, sodass eine große Zahl von Pflanzen und Tieren vom Aussterben bedroht ist.

1. Wo kann man nachlesen, welche Tier- und Pflanzenarten vom Aussterben bedroht bzw. schon ausgestorben sind? Kreuzen Sie an.

	Bundesgesetzblatt		Schwarzes Buch		Bundesnaturschutzgesetz
	Grüne Liste		Rote Liste		Zentralverband Gartenbau

Chaos?

Ordnung?

2. Überlegen und notieren Sie, wieso man einen aktiven Beitrag zum Naturschutz leistet (s. auch die Arbeitsblätter „Anlegen eines Gartenteiches“ und „Bodenentsiegelung“) indem man:

- seinen bislang wöchentlich kurz geschnittenen und wildkräuterfreien Rasen zu einer Blumenwiese umfunktioniert;

- Ohrwurmtöpfe an den Bäumen im Garten aufhängt;

- seine Thuja-Hecke durch eine aus vielen heimischen Pflanzenarten gestaltete Hecke ersetzt.

3. Nennen Sie Vogelschutzgehölze mit vollständigem botanischen und deutschen Namen.

Abfälle

Die meisten Verpackungen werden nur einmal benutzt. Trotzdem sind sie nicht automatisch Abfall. Viele Rohstoffe, aus denen die Verpackungen hergestellt werden, können zur Herstellung neuer Verpackungen oder anderer Produkte verwendet werden.

Viele Verpackungen tragen den „grünen Punkt". Mit dem grünen Punkt gekennzeichnete Waren sollen über spezielle Sammelsysteme, z. B. die gelbe Tonne, bundesweit erfasst und einer Wiederverwertung zugeführt werden. Verantwortlich hierfür ist die private Gesellschaft *Duales System Deutschland*.

1. Bedeutet der grüne Punkt immer, dass diese Verpackung in die gelbe Tonne oder den gelben Sack gehört? Schildern Sie mündlich in der Klasse den Weg des Recyclings anhand der Zeichnung:

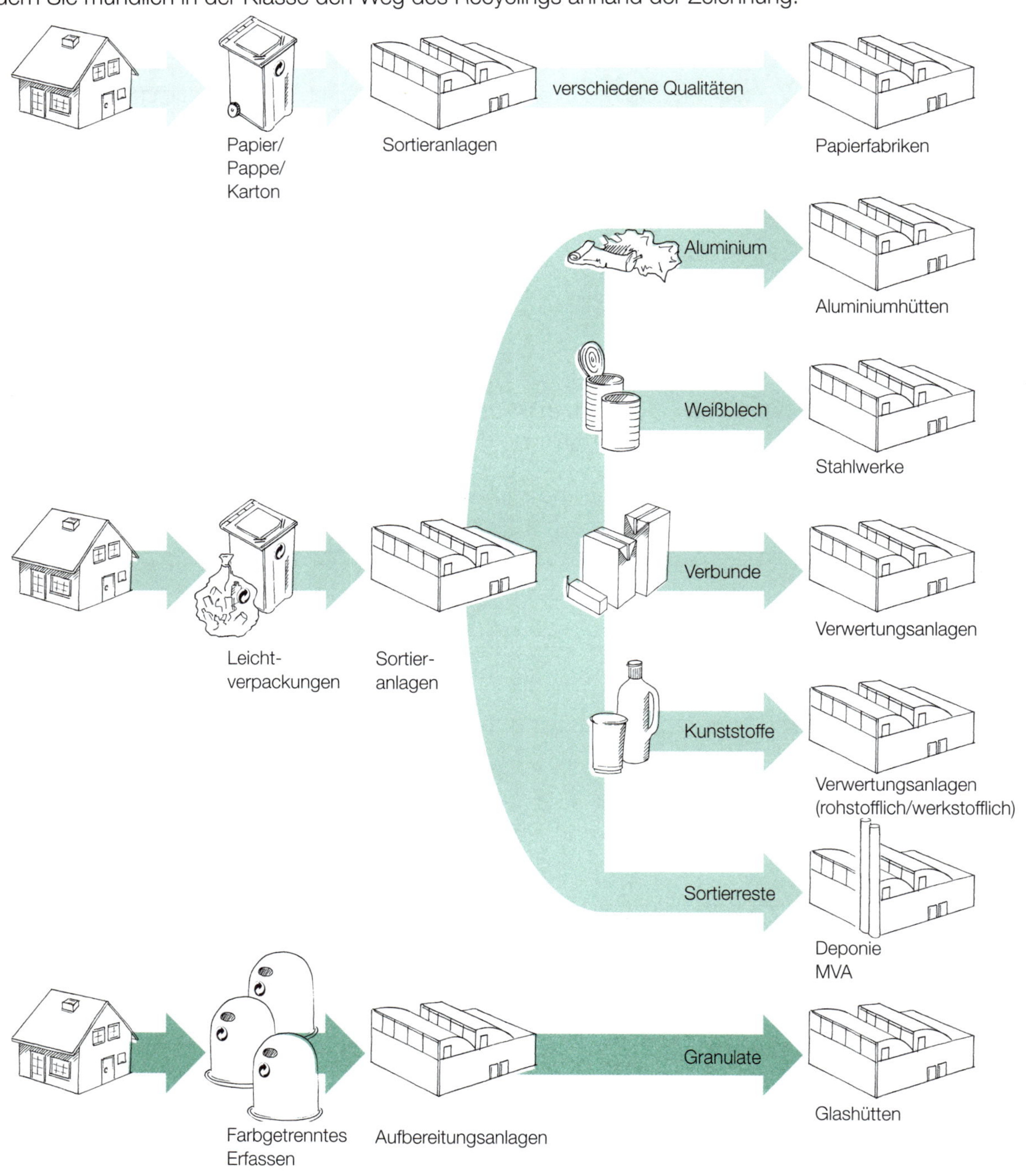

2. Was versteht man unter „Verbundverpackungen"?

____

____

3. Erklären Sie folgende Begriffe:

Wertstoffe: ______

Biomüll: ______

Sperrmüll: ______

Sondermüll: ______

______

______

Restmüll: ______

______

4. Erkundigen Sie sich bei dem Entsorgungsbetrieb Ihrer Stadt oder im Internet, wie die aufgeführten Gegenstände ordnungsgemäß entsorgt werden:

Autobatterien → ______

______

______

Orangenschalen → ______

Weihnachtsbäume → ______

______

______

Bleistifte → ______

______

Teppiche → ______

Blumen → ______

Kühlschrank → ______

______

Desinfektionsmittel → ______

Zeitschriften → ______

5. In Ihrem Betrieb fallen täglich viele Abfälle an. Zählen Sie zehn Abfälle und deren Entsorgung auf.

______

______

______

______

______

______

______

______

______

______

______

Bodenentsiegelung

Wie ein Schwamm speichert der Boden Regenwasser in seinen Poren. Pflanzenwurzeln entnehmen dem Boden Wasser. Das restliche Wasser versickert zum Grundwasser.

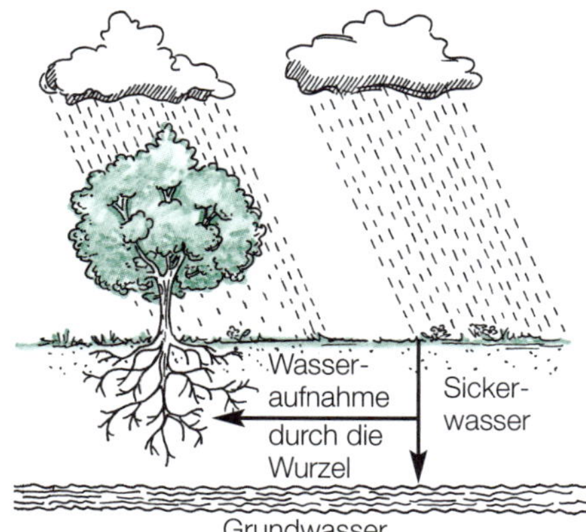

Ist der Boden jedoch versiegelt, dann kann das Regenwasser nicht im Boden versickern. Das Regenwasser steht den Pflanzen nicht zur Verfügung und der Grundwasservorrat wird nicht aufgefüllt.

1. Nennen Sie Beispiele für versiegelte Flächen.

2. Was passiert mit dem Regenwasser auf versiegelten Flächen?

3. Jedes Jahr ein Jahrhunderthochwasser?
   Dreimal wurde von einem „Jahrhunderthochwasser“ gesprochen. Allein in den letzten Jahren erlebte Köln sieben Hochwasser mit Pegelständen des Rheins über 9,35 m.
   Wie entsteht Hochwasser? Erkundigen Sie sich z. B. in Fachbüchern oder im Internet über Ursachen des Hochwassers.

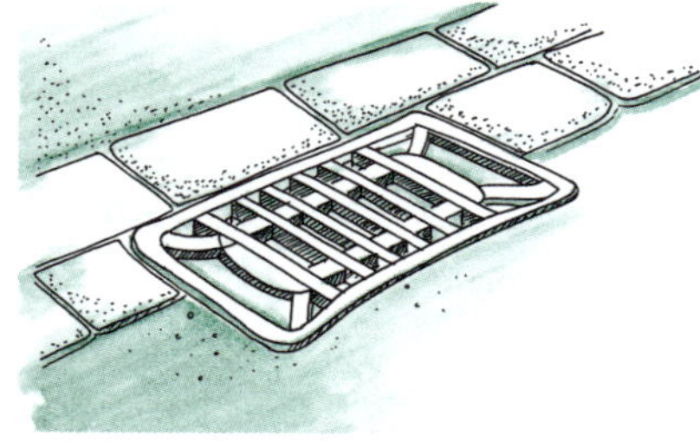

4. Erklären Sie, warum auch Bodenversiegelung zu Hochwasserproblemen führen kann.

5. Das Regenwasser sollte dort versickern, wo es anfällt. Bereits versiegelte Flächen kann man entsiegeln. Im Folgenden sind verschiedene Bodenbefestigungen dargestellt, die das Regenwasser zumindest teilweise versickern lassen.
Beschriften Sie die Schichten in den Zeichnungen und erkundigen Sie sich z. B. in Ihrem Betrieb oder dem Umweltamt Ihrer Stadt nach der Versickerungsleistung. Kreuzen Sie in der Tabelle an, für welche Bereiche diese Bodenbefestigungen geeignet sind:

\+ empfehlenswert   0 bedingt zu empfehlen   – nicht zu empfehlen

Querschnitt	**Aufbau**	**Versickerungsleistung**	**Gehweg**	**Fahrbereich**	**Kfz-Stellplatz**
Schotterrasen	5 – 10 cm Mutterboden mit Steinen 10 cm Schotter 15 – 20 cm Kiessand	70 – 80 %	+	+	+
Rindenhäcksel					
Gras					
Rasengittersteine					
Wassergebundene Wegedecke					

Rasengitter-Draufsicht

Mulchweg-Draufsicht

Umwelt-Quiz

Überprüfen Sie Ihr Wissen!
Kreuzen Sie die richtigen Antworten an. Tragen Sie die Buchstaben über Ihren Kreuzen der Reihe nach von links nach rechts in die Kästchen ein.

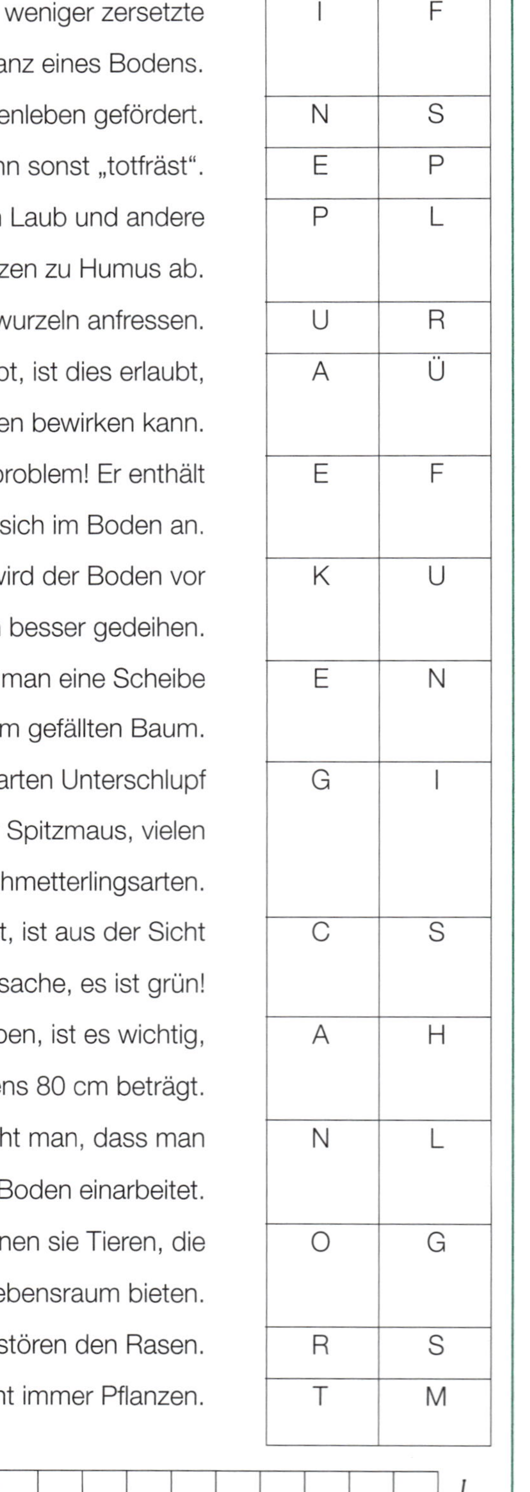

	stimmt	stimmt nicht
1. Bakterien sind immer Schädlinge.	A	K
2. Für die Pflanzen spielt der pH-Wert eines Bodens keine Rolle.	B	E
3. Unter Humus versteht man die abgestorbene und mehr oder weniger zersetzte organische Substanz eines Bodens.	I	F
4. Durch das Mulchen wird das Bodenleben gefördert.	N	S
5. Der Boden sollte nicht zu oft gefräst werden, weil man ihn sonst „totfräst“.	E	P
6. Bodenlebewesen bauen Laub und andere organische Substanzen zu Humus ab.	P	L
7. Regenwürmer schädigen viele Pflanzen, weil sie Pflanzenwurzeln anfressen.	U	R
8. Wenn man Müll tief genug in den Boden eingräbt, ist dies erlaubt, weil der Müll dann keine Schädigungen bewirken kann.	A	Ü
9. Der Kot der Regenwürmer ist ein Umweltproblem! Er enthält viele Giftstoffe und diese reichern sich im Boden an.	E	F
10. Bodenversiegelung ist eine Art der Bodenpflege. Dadurch wird der Boden vor schädigenden Einflüssen geschützt, sodass die Pflanzen besser gedeihen.	K	U
11. Unter einer Baumscheibe versteht man eine Scheibe eines Baumstammes von einem gefällten Baum.	E	N
12. Hecken sind „lebende Zäune“. Sie bieten vielen Tierarten Unterschlupf wie z.B. dem Igel, der Erdkröte, der Spitzmaus, vielen Vogel-, Käfer-, Spinnen- und Schmetterlingsarten.	G	I
13. Ob man einen Zierrasen oder eine Wiese anlegt, ist aus der Sicht des Umweltschutzes völlig egal. Hauptsache, es ist grün!	C	S
14. Möchte man Wassertiere in seinem Gartenteich haben, ist es wichtig, dass die Wassertiefe mindestens 80 cm beträgt.	A	H
15. Unter Gründüngung versteht man, dass man Pflanzen in den Boden einarbeitet.	N	L
16. Trockenmauern sind trocken. Deshalb können sie Tieren, die zum Leben Wasser benötigen, keinen Lebensraum bieten.	O	G
17. Rasengittersteine zerstören den Rasen.	R	S
18. Pflanzenschutzmittel schützen nicht immer Pflanzen.	T	M

LÖSUNG: ☐☐☐☐☐ ☐☐☐☐☐☐☐☐☐☐☐☐☐ !